JN086389

データの
達人
表とグラフを
使いこなせ！

監修：今野紀雄（横浜国立大学教授）

3

組み合わせよう！いろんなデータ

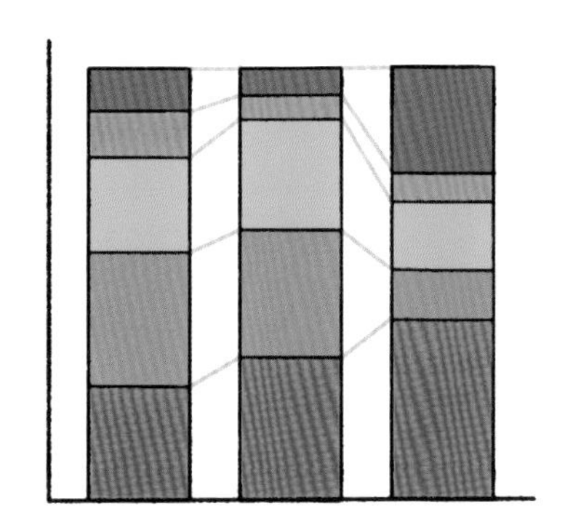

「データの達人」を目指そう

何かを調べたいときには、まずたくさんのデータを集めます。データとは、資料や、実験、観察などによる事実や数値のことです。図書館で本を調べたり、インターネットを使って検索したり、アンケートを取ったり、観察記録をつけたりすると、さまざまなデータに出会います。しかし、データを集めただけでは、そこから知りたいことを読み取ることはできません。そこで、表やグラフを活用する力が必要になってくるのです。

この本では、1章で、円グラフ・帯グラフを使いこなす方法を、例を使ってわかりやすく説明しています。2章では、データに基づいて問題を解決する手順（PPDAC サイクル）を学びます。視点を変えてさまざまなグラフや資料を組み合わせることで、課題をより深く理解していくことができます。3章では、課題にそってデータを分せきしていきます。

データがあふれる今の時代に、みなさんに身につけてほしいのは、データを活用した問題解決能力です。ここで学んだことは、学校での学習だけでなく、大人になってさまざまな難しい問題に立ち向かったときにも、きっと問題を解決する方法を導く助けとなることでしょう。

この本が、みなさんの「データの達人」を目指す学習に役立つことを心より願っています。

横浜国立大学教授　今野紀雄

もくじ

登場人物しょうかい

グラフ先生

表やグラフにくわしい、データの達人。トーケイ小学校でデータの活用法を教えている。

タケシ・リナ

トーケイ小学校の５年１組。グラフ先生やクラスの友だちと、データ活用の勉強をしている。

文中のトーケイ小学校、トーケイ町として表記されるデータは、表やグラフをわかりやすく説明するために編集部が作成した架空のデータです。

1 表やグラフを使いこなそう

この章では、円グラフ・帯グラフの特ちょうや作成するときの注意などを、例を使ってしょうかいします。

全体の中での割合を表す

円グラフ

円グラフは、全体の中でどのくらいの割合をしめるのかを表すグラフです。全体を 100%として、割合ごとに区切ります。

面積で割合を表す

円グラフは、全体を 100%としたときに、それぞれの項目の割合を、おうぎ形の面積の大小で表したものです。割合の大きさがひと目でわかるのが特ちょうです。

右の表は、トーケイ町に住んでいる小学生、中学生、高校生の各100 人、合計 300 人に、「飼ってみたいペットは？」のアンケートをとった結果をまとめたものです。表のデータを円グラフで表すと、全体にしめるそれぞれの動物の割合がひと目でわかります。割合は百分率で表し、下のように計算します。

(問い)飼ってみたいペットは?

トーケイ町に住む小学生、中学生、高校生の各100 人に聞きました（1 問1 答で自由回答　20 ××年△月○日）

ペット	人数（人）	百分率（%）
犬	90	30
ねこ	72	24
鳥	48	16
ハムスター	36	12
うさぎ	24	8
その他	30	10
合計	300	100

計算式に当てはめよう

百分率とは、全体を 100 として考えたときの割合です。100%を 1 とすると、10%は 0.1、1%は 0.01 になります。

各項目の数量 ÷ 合計の数量 × 100（%） = 割合（%）

犬の場合

90人 ÷ 300人 × 100（%） = 30%

(問い)飼ってみたいペットは?

出典は４ページと同じ

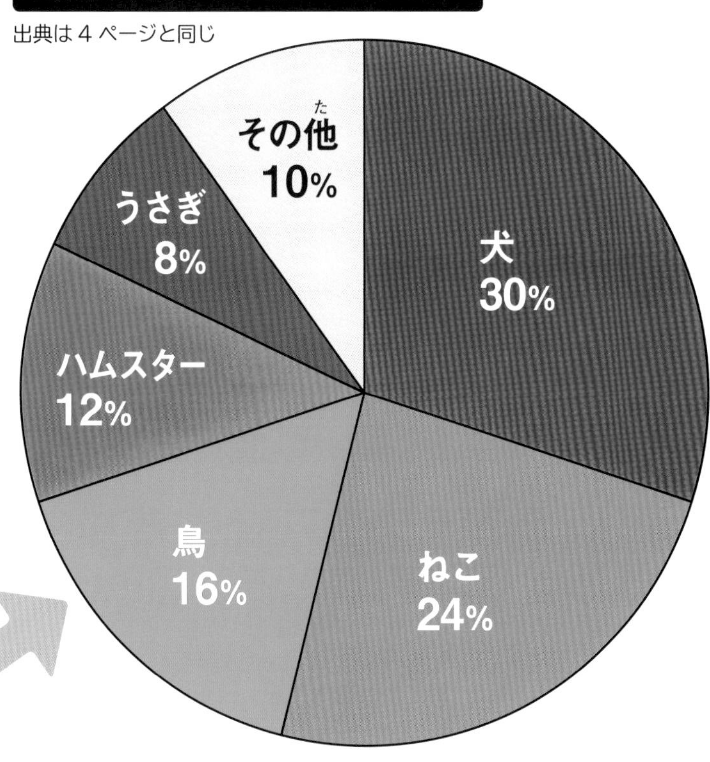

その他
10%
うさぎ
8%
犬
30%
ハムスター
12%
鳥
16%
ねこ
24%

犬とねこで
全体の半分以上を
しめているのが
よくわかるね

(問い)飼ってみたいペットは?

出典は４ページと同じ

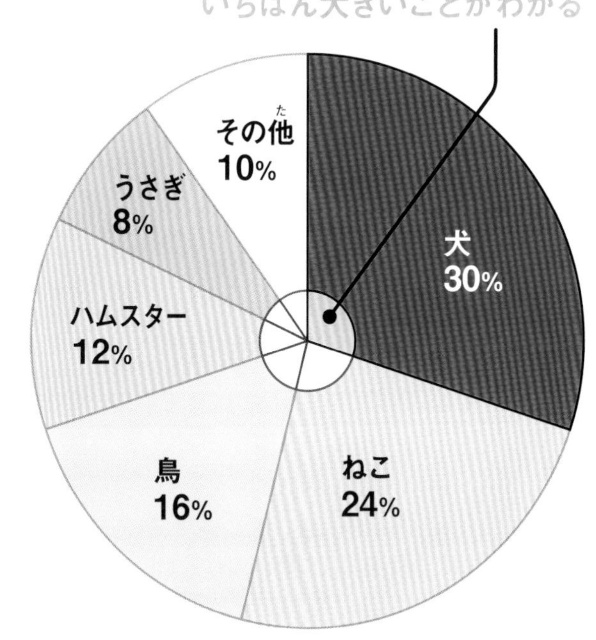

面積だけでなく角度も犬が
いちばん大きいことがわかる
その他
10%
うさぎ
8%
犬
30%
ハムスター
12%
鳥
16%
ねこ
24%

角度でも割合がわかる

円グラフは、まん中の角度の大小でも、割合がわかります。右のグラフでは「犬」の角度がいちばん大きくなっているので、「犬」と答えた人がいちばん多いことが、ひと目でわかります。

また、円グラフは割合を大きくつかむのに適しているので、項目が細かく分かれているものには、あまり使われません。

まとめ

- 円グラフは、**面積の大小**でそれぞれの項目の**割合がわかる。**
- 円グラフは、**まん中の角度の大小でも**それぞれの項目の**割合がわかる。**

データの割合をくらべる
帯グラフ

帯グラフは、長方形の中にそれぞれの項目の割合を表したものです。
いくつかのグラフをならべて、割合のちがいをくらべることができます。

割合のちがいがわかる

帯グラフは円グラフと同じく、全体を100%としたときに、それぞれの項目がどのくらいの割合をしめるのかを表します。

下は4ページの「飼ってみたいペットは?」のアンケート結果を、小学生、中学生、高校生に分けて円グラフに、右は帯グラフにしたものです。帯グラフは、いくつかのグラフの長さをそろえてならべるので、割合の変化やちがいをくらべやすいです。下のように3つのグラフの項目の割合をくらべるときは、円グラフよりも帯グラフを使ってくらべる方がよいことがわかります。

円グラフだと項目ごとの割合のちがいがわかりにくい

(問い)飼ってみたいペットは?(小中高校生別)

トーケイ町に住む小学生、中学生、高校生の各100人に聞きました(1問1答で自由回答　20××年△月○日)

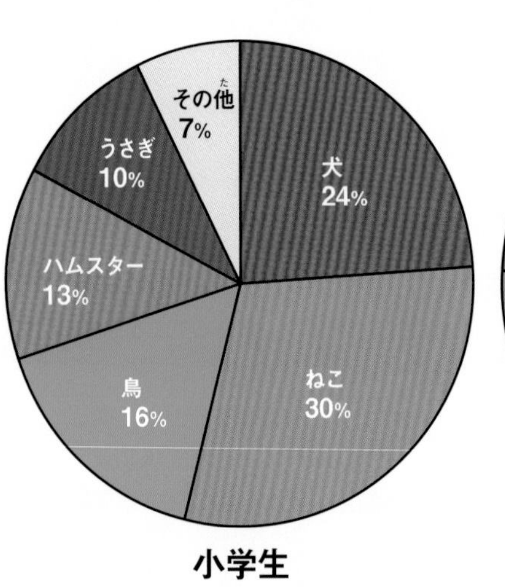
犬
24%
ねこ
30%
鳥
16%
ハムスター
13%
うさぎ
10%
その他
7%

小学生

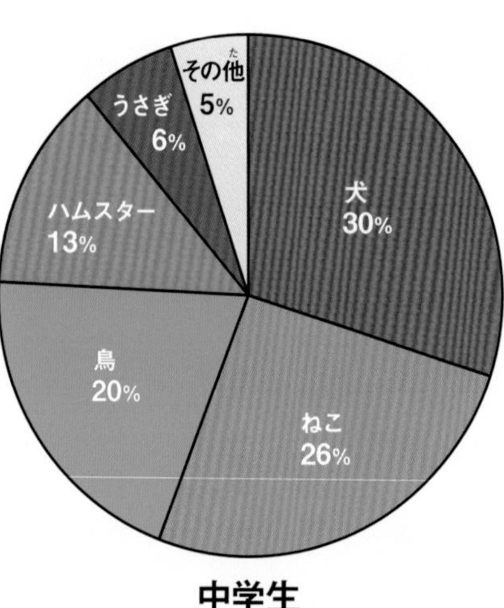
犬
30%
ねこ
26%
鳥
20%
ハムスター
13%
うさぎ
6%
その他
5%

中学生

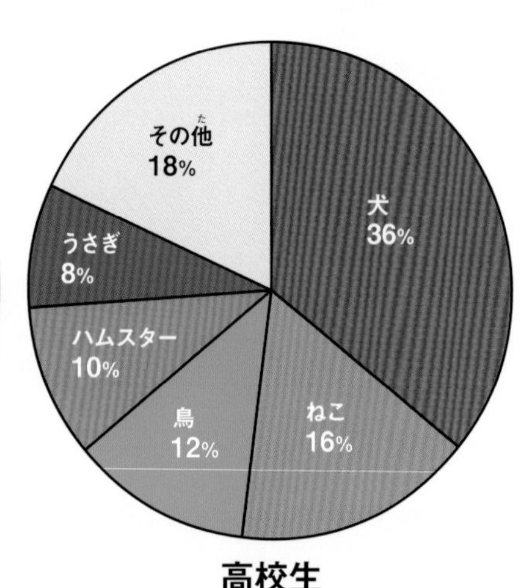
犬
36%
ねこ
16%
鳥
12%
ハムスター
10%
うさぎ
8%
その他
18%

高校生

区分線を入れる

帯グラフの割合のちがいを、よりわかりやすくするために、下のように、くらべるグラフの間に区分線をつけることがあります。

下のグラフだと、「犬」は小学生、中学生、高校生とだんだん割合が増え、「ねこ」はへっていることがひと目でわかります。ただし、項目が多いグラフは線が多くなり、かえってわかりづらくなるので、項目の少ないものに適しています。

(問い)飼ってみたいペットは?(小中高校生別)

出典は 6 ページと同じ

帯グラフだと
割合のちがいが
よくわかるね

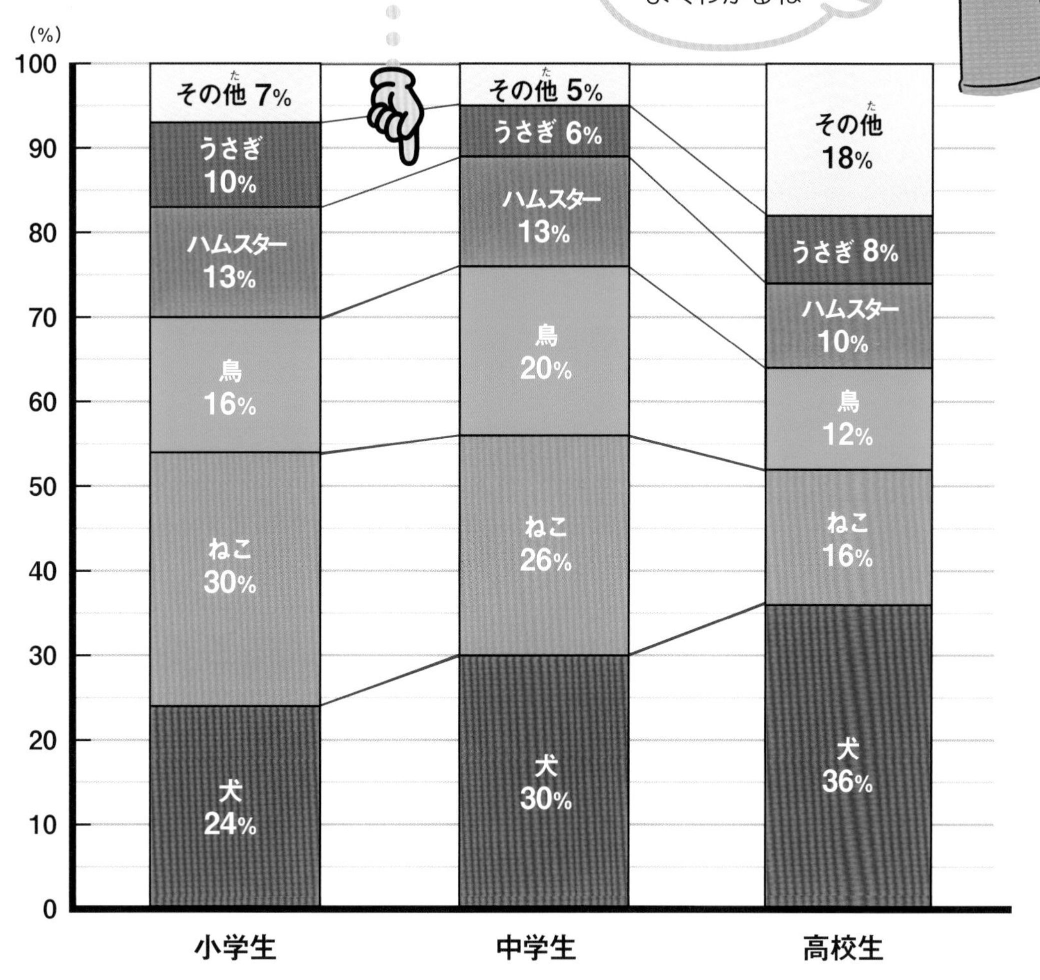

区分線
(%)
100
90
80
70
60
50
40
30
20
10
0
その他 7%
うさぎ 10%
ハムスター 13%
鳥 16%
ねこ 30%
犬 24%
その他 5%
うさぎ 6%
ハムスター 13%
鳥 20%
ねこ 26%
犬 30%
その他 18%
うさぎ 8%
ハムスター 10%
鳥 12%
ねこ 16%
犬 36%
小学生
中学生
高校生

まとめ

- 帯グラフは、いくつかの**データの項目の割合をくらべる**ときに使われる。
- 帯グラフをならべてくらべる場合、**区分線があるとよりわかりやすい**。

項目のならべ方に気をつけよう

円グラフ・帯グラフの注意

円グラフや帯グラフは、ほかの人が見てもわかりやすいように、項目はくらべやすい順にならべます。

円グラフの項目

円グラフの項目は、基本的には、割合の大きい順にならべます。「その他」の項目は最後です。円グラフを作るときは、項目ごとに色やもようを変えて、さかい目がわかりやすいようにしましょう。

課題の目的によっては、割合の大きい順でなく、内容が似た項目どうしを近くにするほうが、わかりやすい場合もあります。

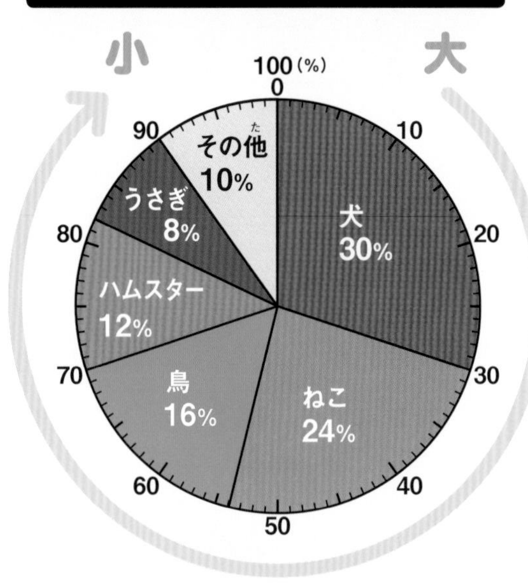
(問い)飼ってみたいペットは?
小
大
100(%)
0
10
20
30
40
50
60
70
80
90
犬 30%
ねこ 24%
鳥 16%
ハムスター 12%
うさぎ 8%
その他 10%

トーケイ町に住む小
生、中学生、高校生
各100人に聞きま
た(1問1答で自由
答 20××年△月○

なるほどミニコラム 3D円グラフは正しくない!?

3D円グラフは、円グラフをかたむけて立体的に見せたグラフです。パソコンの表計算ソフトで簡単に作ることができますが、面積が正しく表現されていません。立体的にえがかれているので、手前が大きく奥にあるものが小さく見えてしまうのです。3D円グラフは、見るほうに誤解をあたえてしまうので気をつけましょう。

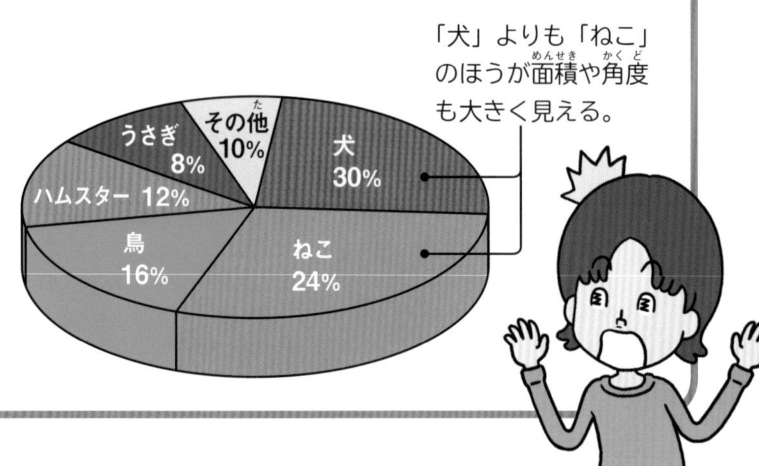
「犬」よりも「ねこ」のほうが面積や角度も大きく見える。
犬 30%
ねこ 24%
鳥 16%
ハムスター 12%
うさぎ 8%
その他 10%

帯グラフの項目

帯グラフをたてに置くときは、なるべく割合の大きいほうを下からならべ、横に置くときは左からならべます。「その他」は最後です。

また、複数のグラフをならべるときは、すべて項目のならべる順番を同じにし、項目ごとに色やもようをそろえます。項目の順がそろっていたほうが、同じ項目どうしをくらべやすくなります。

項目の色や
もようをそろえて、
同じ順に
ならべよう

(問い)飼ってみたいペットは?(小中高校生別)

グラフをたてに置くとき

出典は８ページと同じ

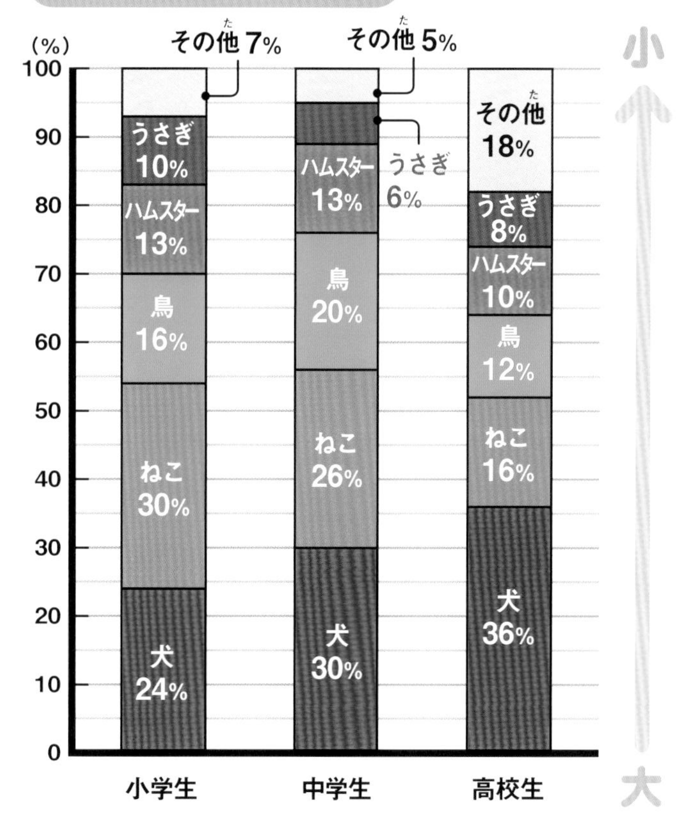

(%)
100
90
80
70
60
50
40
30
20
10
0
その他 7%
うさぎ 10%
ハムスター 13%
鳥 16%
ねこ 30%
犬 24%
その他 5%
うさぎ 6%
ハムスター 13%
鳥 20%
ねこ 26%
犬 30%
その他 18%
うさぎ 8%
ハムスター 10%
鳥 12%
ねこ 16%
犬 36%
小学生
中学生
高校生
小
大

グラフを横に置くとき

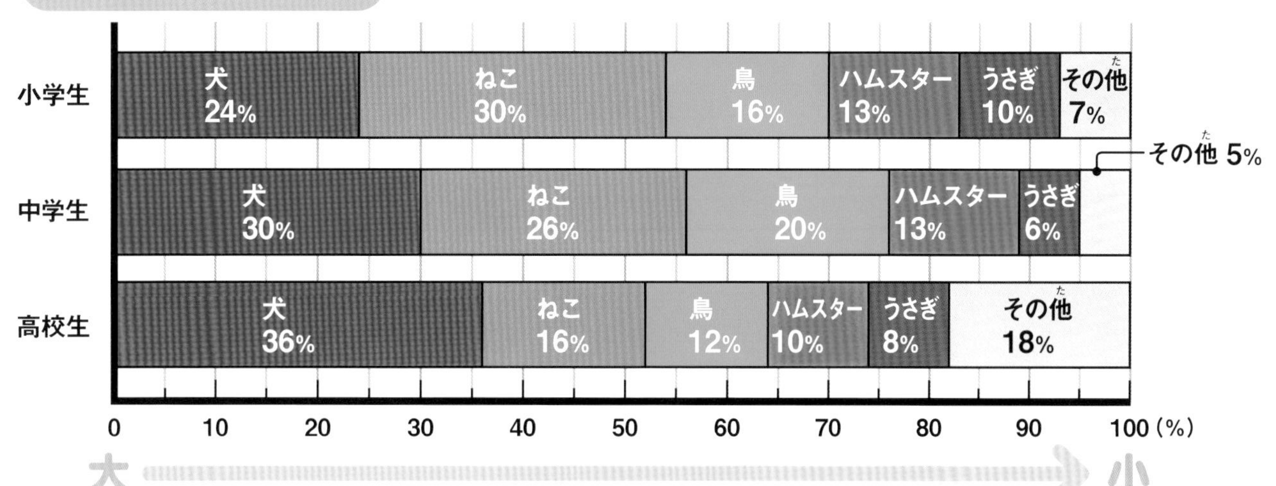

小学生
犬 24%
ねこ 30%
鳥 16%
ハムスター 13%
うさぎ 10%
その他 7%
中学生
犬 30%
ねこ 26%
鳥 20%
ハムスター 13%
うさぎ 6%
その他 5%
高校生
犬 36%
ねこ 16%
鳥 12%
ハムスター 10%
うさぎ 8%
その他 18%
0
10
20
30
40
50
60
70
80
90
100 (%)
大
小

まとめ

- 円グラフや帯グラフの**項目は、数値の大きいほうからならべる。**
- 帯グラフのデータをくらべるときは、**項目のならべる順番を同じにする。**

2 データを使って調べよう

いろいろなデータを組み合わせて、自分たちで設定した問題を調べる方法を学びましょう。

調べる手順はPPDAC

実際にデータを使って、問題を解決するときは、5つの手順にそって取り組んでみましょう。

データを使って問題を解決するときに、以下の5つの手順があります。

1 Problem……問題を設定する
2 Plan……計画を立てる
3 Data……データを集める
4 Analysis……分せきする
5 Conclusion……結論を出す

この手順を右の図のようにくり返しておこなうことから、それぞれの英語の頭文字を取って「PPDAC サイクル」といいます。

新たな問題が出たら、1～5をくり返して調べましょう。また、PPDAC と順に進んでいくのではなく、とちゅうで見直して計画を立てなおしたり、データを集め直したりしても構いません。いろいろなデータを組み合わせると、ちがう結論を導いたり、より理解を深めたりすることができます。

新たな問題を見つけたら
PPDACの手順を
くり返して調べよう！

5 Conclusion 結論を出す

分せきした結果をまとめて、問題に対する結論を出しましょう。

集めたデータから表やグラフを作り、そこからどんなことがわかるか、考えてみましょう。複数のデータを組み合わせることで、新たな視点も生まれます。

データに基づいて問題を解決する手順（PPDACサイクル）

1 Problem 問題を設定する

「どうしてだろう」「解決したい」と思うことから、具体的に何を問題にするかを決めましょう。

2 Plan 計画を立てる

問題を解決するために、どんなデータが必要か、どのように集めるかを考えましょう。データは１つとは限りません。

PPDAC

3 Data データを集める

本やウェブサイトなどから、必要なデータを集めましょう。アンケートを取る場合は、集めた結果を集計しましょう。

4 Analysis 分せきする

ふり返ってみよう

結論を出したら、もう一度ふり返ってみましょう。新たな発見や問題が見つかったら、1 にもどります。

スポーツ大会の種目を決めよう

トーケイ小学校の５年１組では、スポーツ大会の種目を提案することにしました。PPDACサイクルで種目を決めていきましょう。

Problem 問題を設定しよう

具体的に何を問題にするかを決めましょう。

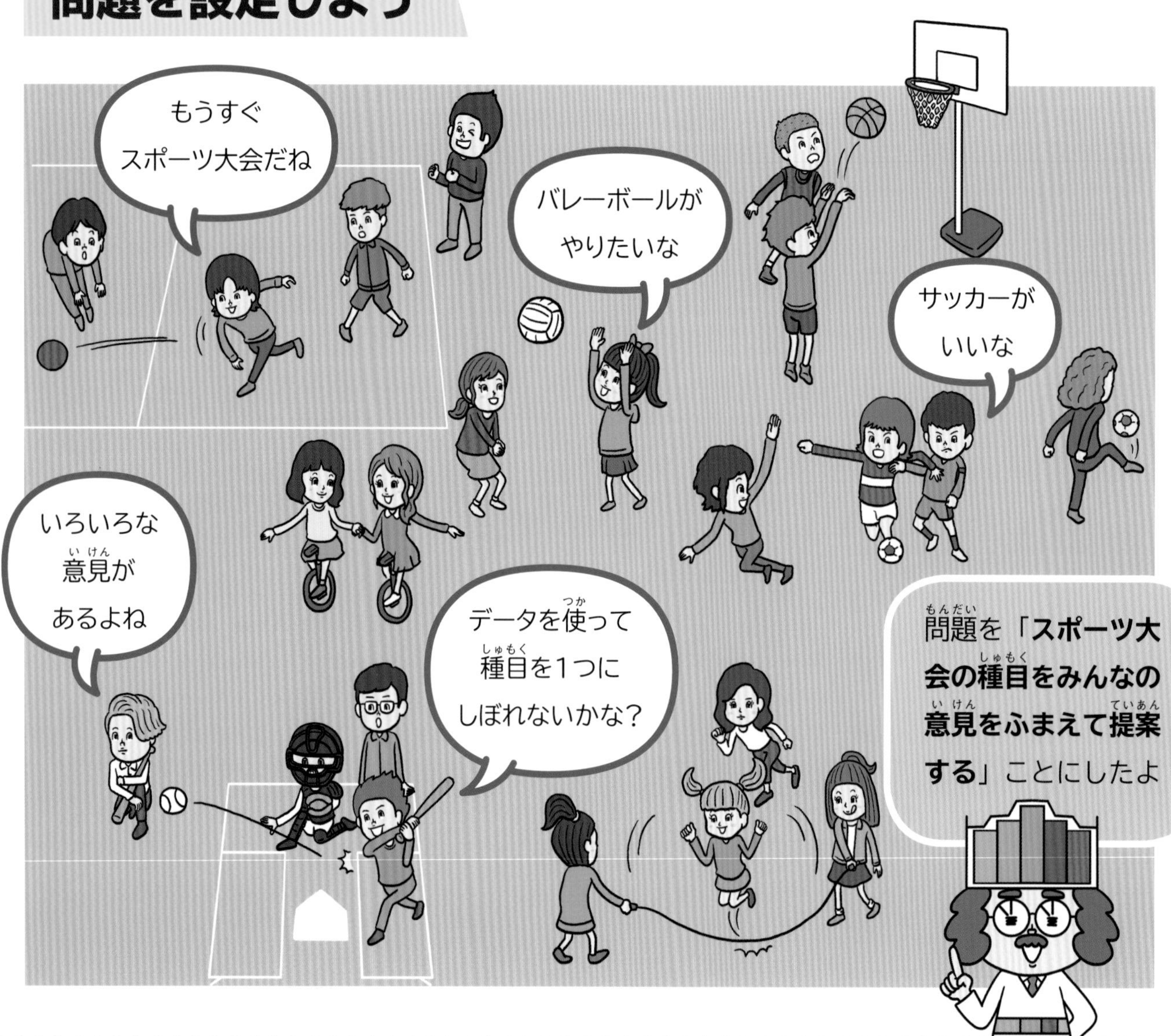
もうすぐスポーツ大会だね
バレーボールがやりたいな
サッカーがいいな
いろいろな意見があるよね
データを使って種目を1つにしぼれないかな？
問題を「スポーツ大会の種目をみんなの意見をふまえて提案する」ことにしたよ

Plan 計画を立てよう

「スポーツ大会の種目をみんなの意見をふまえて提案する」ためには、何をしたらいいかを考えてみましょう。

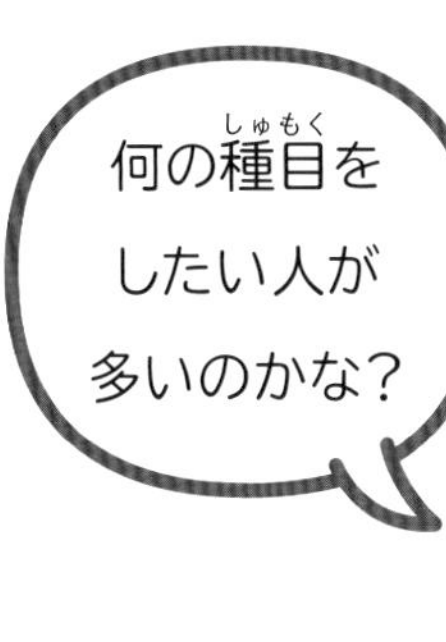

何の種目をしたい人が多いのかな?

全部の学年に聞いたほうがいいよね

「スポーツ大会でやりたい種目のアンケート」を取ったらどうかな?

Data データを集めよう

アンケートを作って配り、結果を集計してみましょう。

いくつか答えを用意して選たく式のアンケートを作ったよ

スポーツ大会の種目アンケート

学年に○をつけてください。(1・2・3・4・5・6)年

問い

スポーツ大会でやりたいスポーツは何ですか?
1つだけ選んで○をつけてください。

答え

- ドッジボール
- ソフトボール
- バスケットボール
- サッカー
- バレーボール

アンケート結果は学年別に集計しよう

Analysis

データを分せきしよう

データからどんな表やグラフにしたらよいかを考えて作り、わかったことを考えましょう。

表にまとめたよ

スポーツの種目	1年生	2年生	3年生	4年生	5年生	6年生	合計
バスケットボール	0	10	20	30	35	35	130
サッカー	10	20	25	20	20	15	110
ドッジボール	50	20	10	5	5	10	100
バレーボール	0	10	5	0	0	0	15
ソフトボール	0	0	0	5	0	0	5
合計	60	60	60	60	60	60	360

表を作ると整理できるね
数の大きさをくらべるなら棒グラフだね
いちばん人数が多いものを種目にしたらいいよね

棒グラフを作ったよ

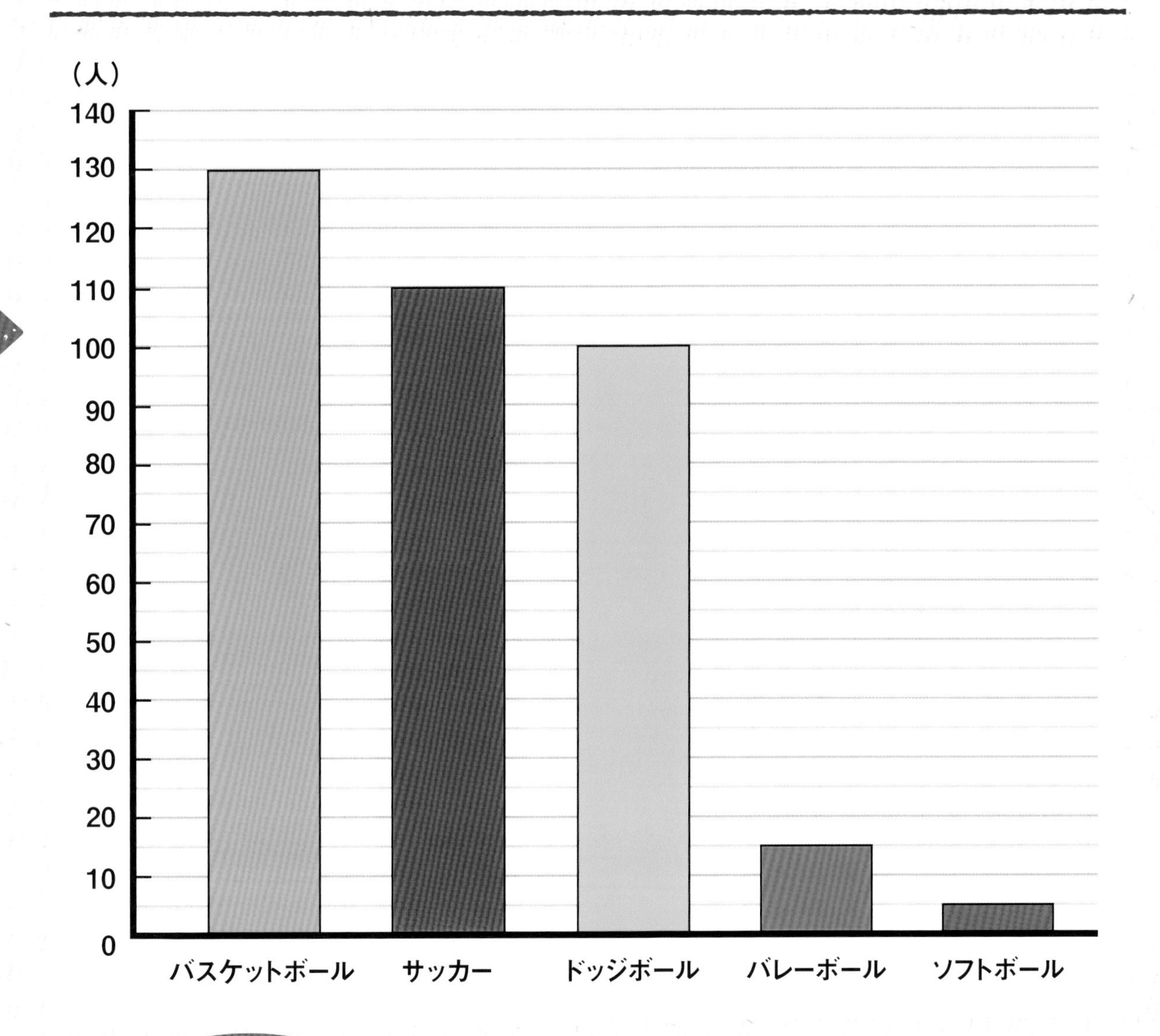
スポーツ大会でやりたい種目
トーケイ小学校360人に聞きました
(1問1答で選たく式回答
20××年△月○日)
(人)
140
130
120
110
100
90
80
70
60
50
40
30
20
10
0
バスケットボール
サッカー
ドッジボール
バレーボール
ソフトボール

いちばん
人気があるのは
バスケットだ!
これにしようよ

でも、表を見ると
1、2年生には
人気がないみたい

Analysis データを分せきしよう

表やグラフのちがうまとめかたができるかどうか、考えてみましょう。

学年別でやりたいスポーツの割合を出して、表をまとめなおそうか

割合をくらべるなら帯グラフだね!

表にまとめなおしたよ

スポーツの種目	1年生	2年生	3年生	4年生	5年生	6年生
バスケットボール	0%	17%	33%	50%	58%	58%
サッカー	17%	33%	42%	33%	33%	25%
ドッジボール	83%	33%	17%	8%	8%	17%
バレーボール	0%	17%	8%	0%	0%	0%
ソフトボール	0%	0%	0%	8%	0%	0%
合計	100%	100%	100%	99%	99%	100%

内分けの合計が100%にならない場合

帯グラフの割合は四捨五入して数値を出すので、内分けの項目の合計が100%にならない場合があるよ。実際に帯グラフを書くときは、「その他」や数値の大きい項目の帯を長くしたり短くしたりして調整することもあるんだ。上の場合は4年生と5年生の合計が99%。4年生の50%と、5年生の58%を1%ずつ長くして調整したよ。

スポーツ大会でやりたい種目の学年別の割合

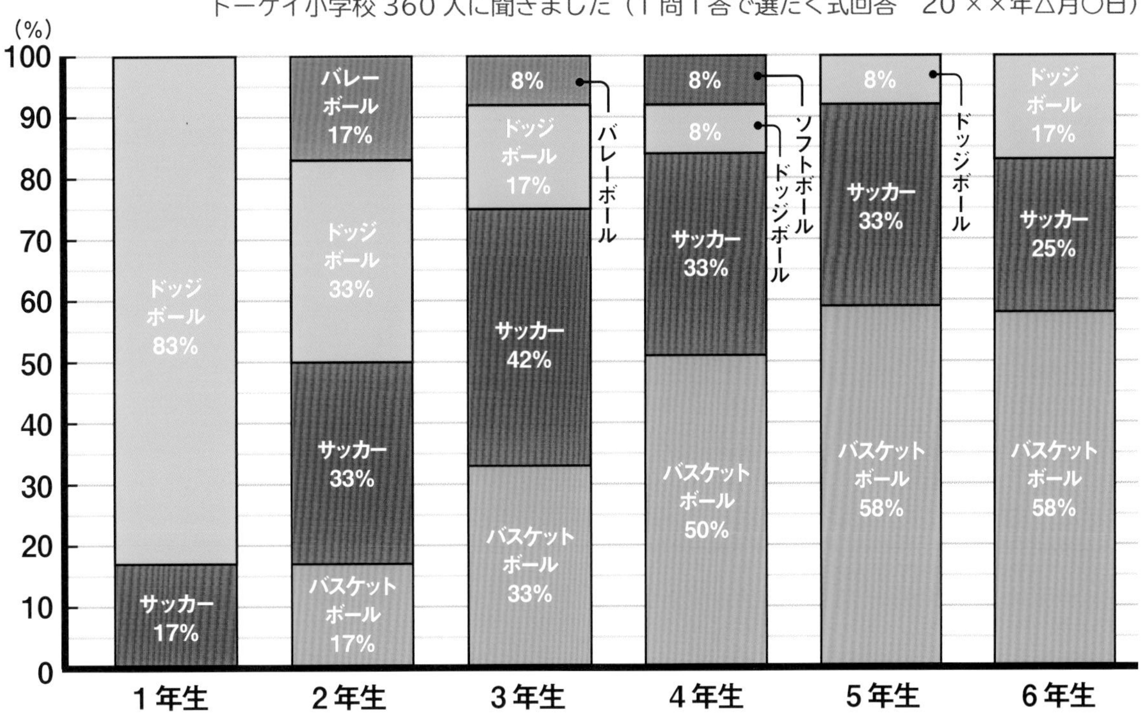

トーケイ小学校 360 人に聞きました（1問1答で選たく式回答　20××年△月○日）
(%)
100
90
80
70
60
50
40
30
20
10
0
1年生
2年生
3年生
4年生
5年生
6年生
ドッジボール 83%
サッカー 17%
バレーボール 17%
ドッジボール 33%
サッカー 33%
バスケットボール 17%
8%
バレーボール
ドッジボール 17%
サッカー 42%
バスケットボール 33%
8%
ソフトボール
8%
ドッジボール
サッカー 33%
バスケットボール 50%
8%
ドッジボール
サッカー 33%
バスケットボール 58%
ドッジボール 17%
サッカー 25%
バスケットボール 58%

1、2年生はバスケットボールよりドッジボールの割合が大きいね

低学年と中・高学年で種目を分けようか

帯グラフにすると**学年別の割合が****くらべやすく****なる**ね

Conclusion 結論を出そう

1、2年生はドッジボール
3〜6年生はバスケットボールを
提案する

いろいろな**データを組み合わせる**と結果が変わってくるかもしれないね。**PPDAC****をくり返して**、解決しよう。

3 データを読み解こう

実際にいくつかの課題にそって、いろいろなデータを組み合わせて分せきしてみましょう。

データを組み合わせて分せきする

1つだけでなく、いろいろなデータを組み合わせると、ちがう結論を導いたり、より深く学んだりすることができます。

12ページからの「スポーツ大会の種目を決めよう」では、2つのデータを組み合わせて考え、スポーツ大会の種目を提案しました。

もし、データが「スポーツ大会でやりたい種目」をスポーツ別にまとめた棒グラフ1つだけだったとしたら、スポーツ大会の種目は

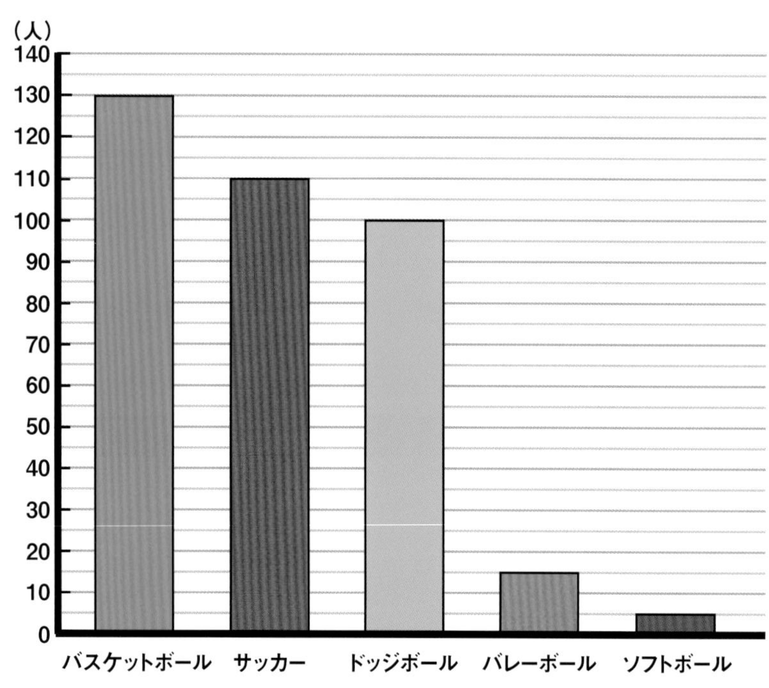

スポーツ大会でやりたい種目
トーケイ小学校360人に聞きました（1問1答で選たく式回答　20××年△月○日）
（人）
140
130
120
110
100
90
80
70
60
50
40
30
20
10
0
バスケットボール
サッカー
ドッジボール
バレーボール
ソフトボール

最初の結論！

スポーツ大会では1位だったバスケットボールを全学年でやろう

データをプラス

「バスケットボール」になっていました。
　しかし、もう１つ「学年別の割合」のデータを組み合わせたことで、１、２年生にバスケットボールが人気がないことがわかり、結論が変わりました。いろいろなデータを組み合わせると、最初の結論とちがう結論を出すことができたり、ものごとをより深く理解することができたりします。

新たなデータ！
バスケットボールは
1、2年生には
あまり人気がない
最終の結論！
1、2年生は
ドッジボール
3〜6年生は
バスケットボール
にしよう

スポーツ大会でやりたい種目の学年別の割合

トーケイ小学校 360 人に聞きました（1 問1答で選たく式回答　20 ××年△月○日）

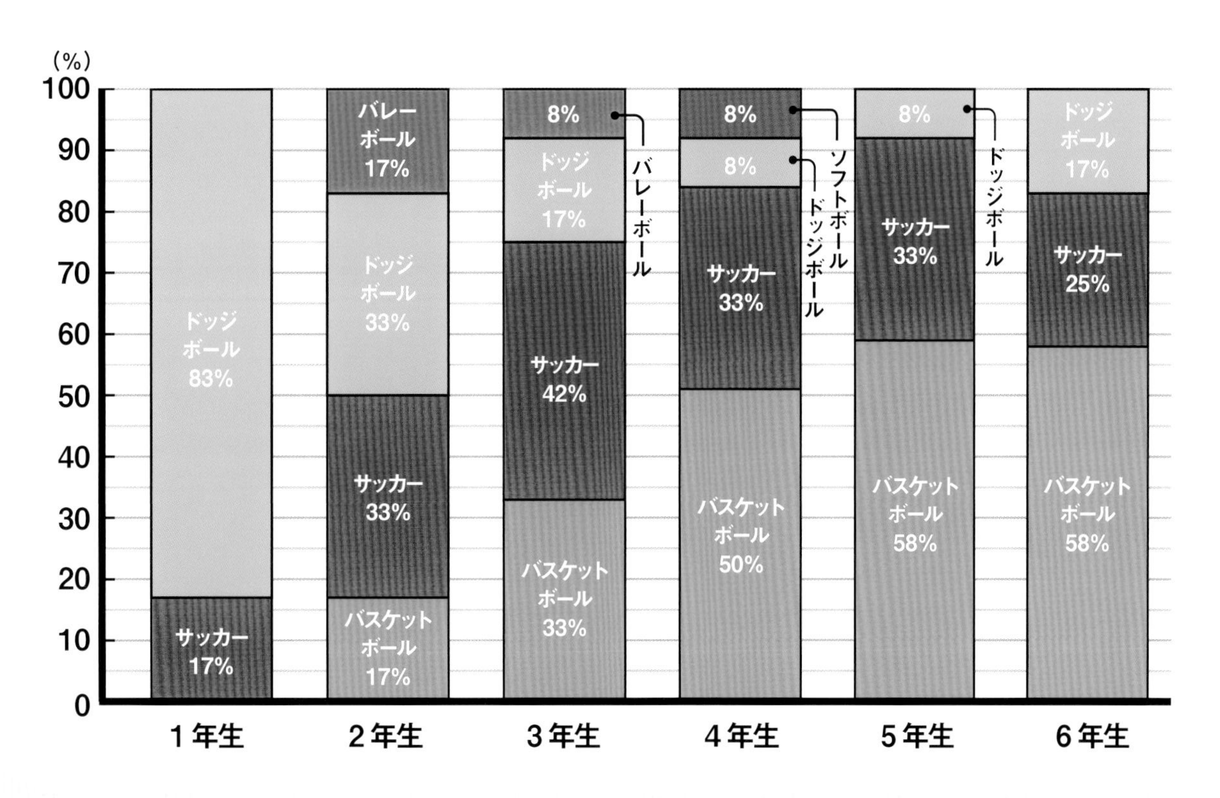
(%)
100
90
80
70
60
50
40
30
20
10
0
1年生
ドッジボール 83%
サッカー 17%
2年生
バレーボール 17%
ドッジボール 33%
サッカー 33%
バスケットボール 17%
3年生
8%
バレーボール
ドッジボール 17%
サッカー 42%
バスケットボール 33%
4年生
8%
ソフトボール
8%
ドッジボール
サッカー 33%
バスケットボール 50%
5年生
8%
ドッジボール
サッカー 33%
バスケットボール 58%
6年生
ドッジボール 17%
サッカー 25%
バスケットボール 58%

気温と降水量のデータを組み合わせてみよう

東京の気候区分は何？

世界の地域の気候を分類し、いくつかの気候に分けたものを「気候区分」といいます。東京は、どの気候区分に当たるのでしょうか。

地図からわかったことは？

右の世界地図は、世界の気候区分を表した地図です。日本には気候区分を表す色をつけていませんので、東京の気候区分を考えてみましょう。地図を見ると、東京の近くには、「温帯」と「亜寒帯」の地域があることがわかります。

東京は位置が
近いところと
同じかもしれないな

世界の気候区分図

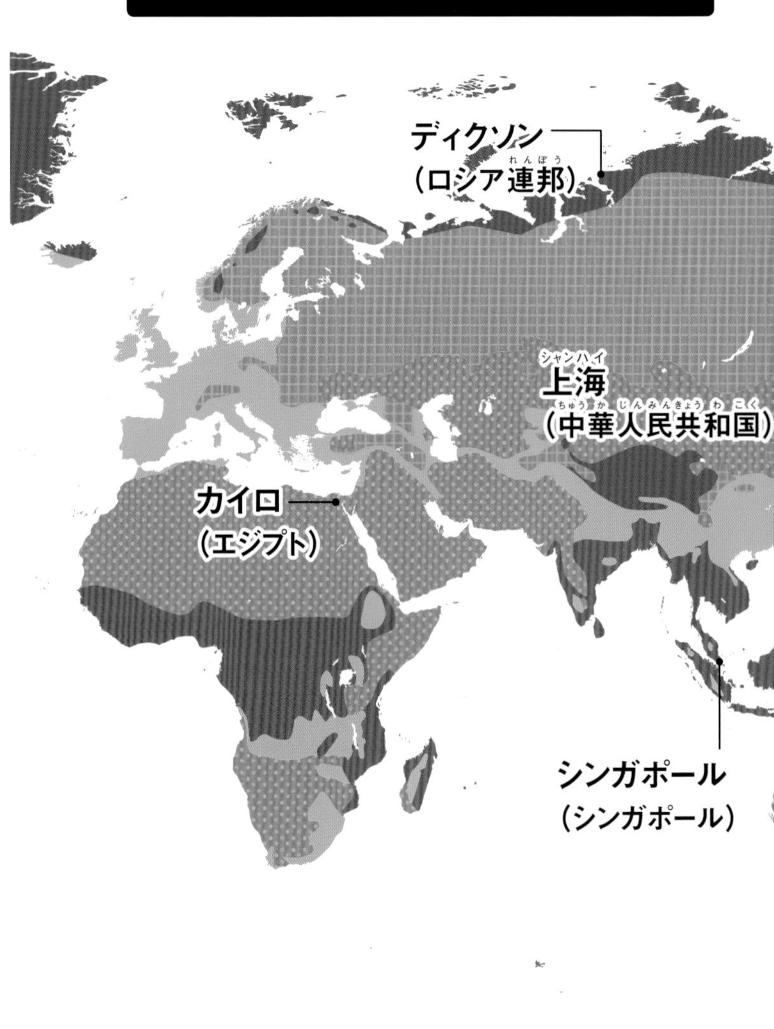
ディクソン
(ロシア連邦)
上海
(中華人民共和国)
カイロ
(エジプト)
シンガポール
(シンガポール)

気候区分図	気温や降水量、植物、地形などをもとに分類したもの
熱帯	一年中気温が高くて降水量が多い。もっとも寒い月の平均気温が18℃以上。
乾燥帯	降水量が少なく乾燥していて、砂ばくが多い。
温帯	温暖で四季の変化があり、過ごしやすい。もっとも寒い月の平均気温が-3～18℃で、もっとも暖かい月の平均気温が10℃以上。適度な降水量がある。
亜寒帯	冬の寒さがきびしいが、夏は気温があがる。もっとも寒い月の平均気温が-3℃以下で、もっとも暖かい月の平均気温が10℃以上。適度な降水量がある。
寒帯	北極や南極に近く、一年中寒い。もっとも暖かい月の平均気温が10℃以下。

東京の気候区分は「温帯」か「亜寒帯」のどっちかなのかな

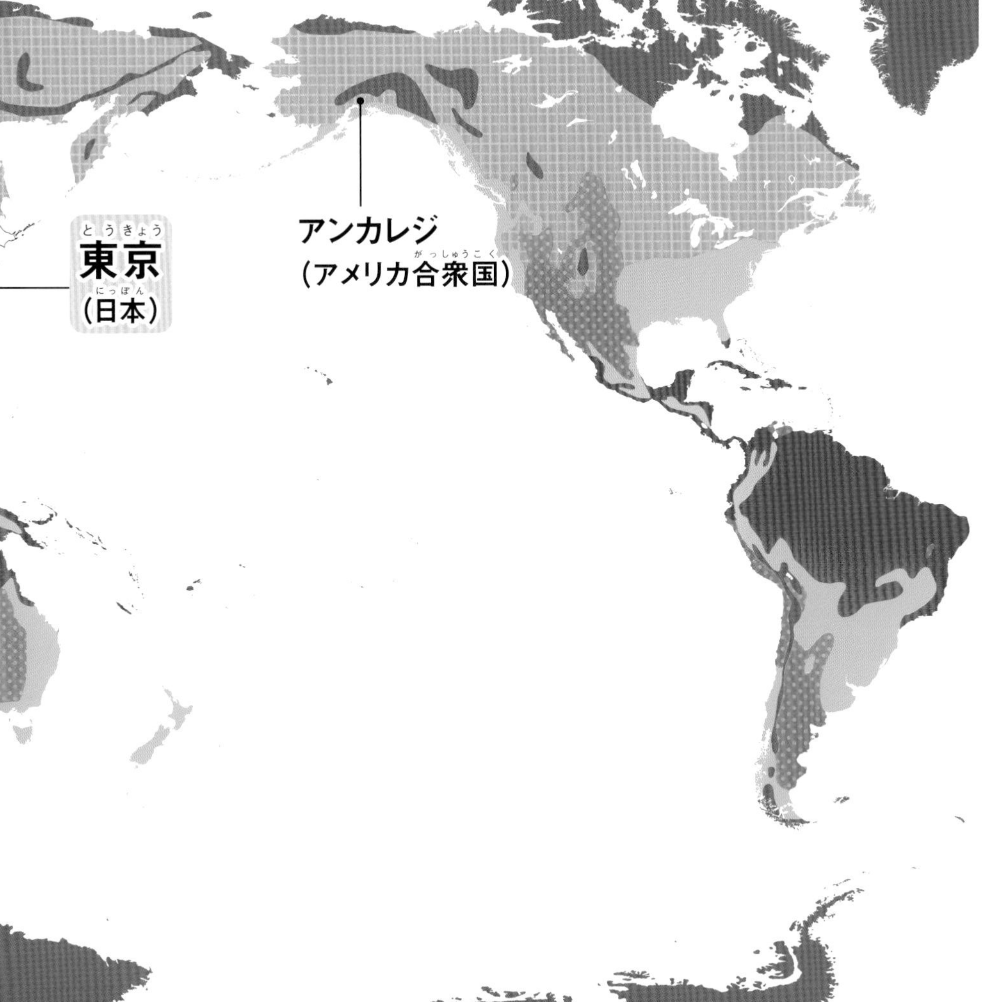

アンカレジ
（アメリカ合衆国）
東京
（日本）

さらに

それぞれの気候区分で、代表的な**都市の年間平均気温**を見てみよう。

出典：『理科年表 2019』（国立天文台編）の
「世界の気温の月別平年値（℃）」より作成

東京と世界の都市の平均気温をくらべてみよう

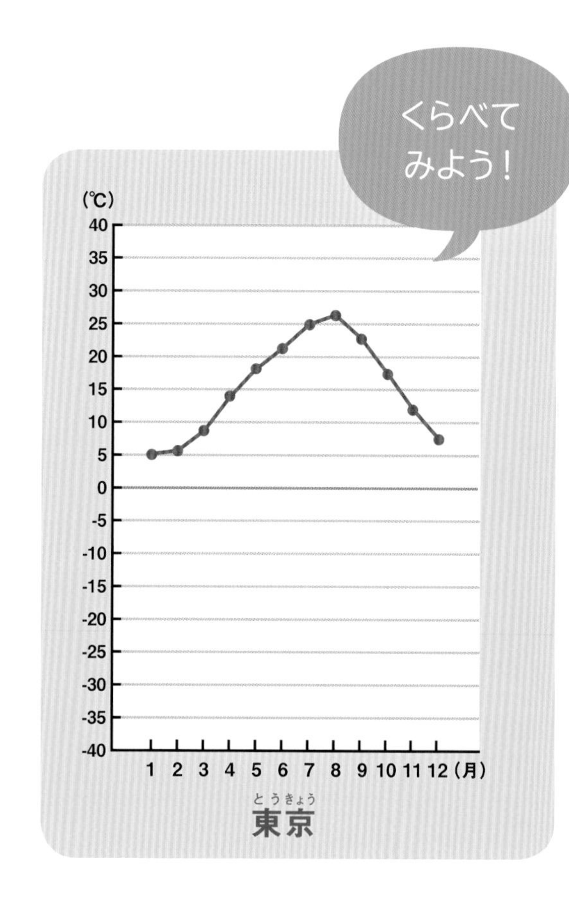
くらべて
みよう！
(℃)
40
35
30
25
20
15
10
5
0
-5
-10
-15
-20
-25
-30
-35
-40
1 2 3 4 5 6 7 8 9 10 11 12 (月)
東京

グラフからわかったことは？

東京とシンガポールの平均気温をくらべると、折れ線グラフの形がまったくちがうので、同じ気候区分ではないことがわかります。ディクソンとアンカレジは、グラフの形は似ていますが、東京にくらべて気温が低すぎます。

カイロは、グラフの山の形はゆるやかで気温がやや高いですが、似ているといえるでしょう。いちばんよく似ているグラフは上海です。21ページの「気候区分図」の定義からも、東京はカイロと同じ「乾燥帯」か、上海と同じ「温帯」であると考えられます。

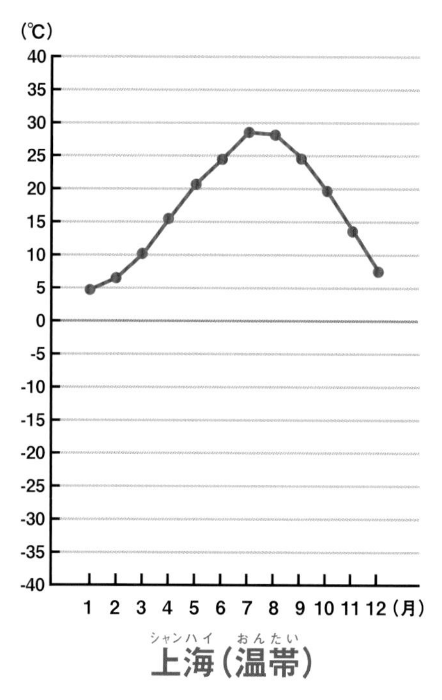
(℃)
40
35
30
25
20
15
10
5
0
-5
-10
-15
-20
-25
-30
-35
-40
1 2 3 4 5 6 7 8 9 10 11 12 (月)
上海（温帯）

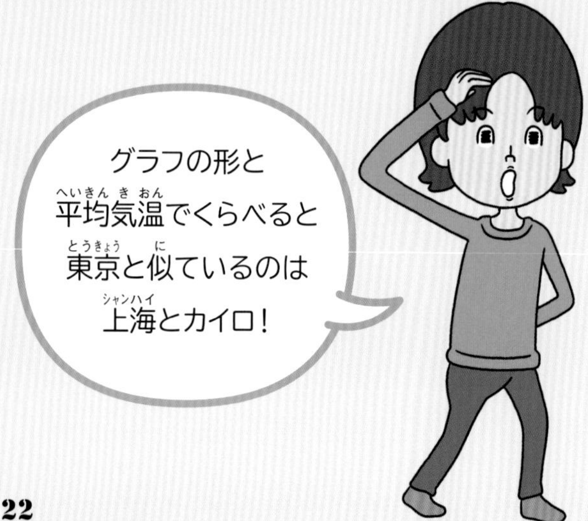
グラフの形と
平均気温でくらべると
東京と似ているのは
上海とカイロ！

世界の都市の1年間の平均気温

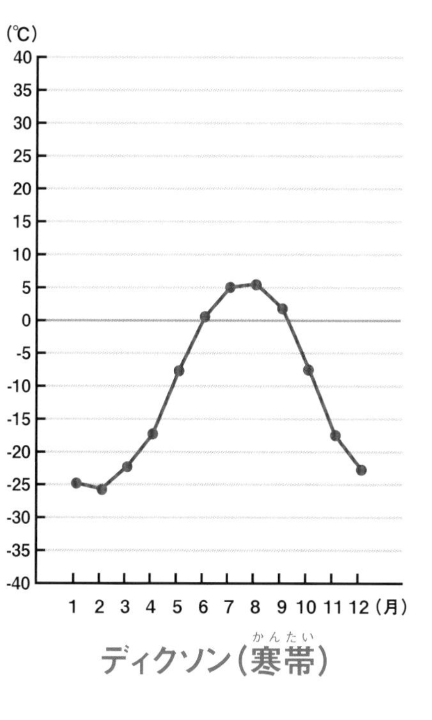

(℃)
40
35
30
25
20
15
10
5
0
-5
-10
-15
-20
-25
-30
-35
-40
1 2 3 4 5 6 7 8 9 10 11 12 (月)

ディクソン（寒帯）

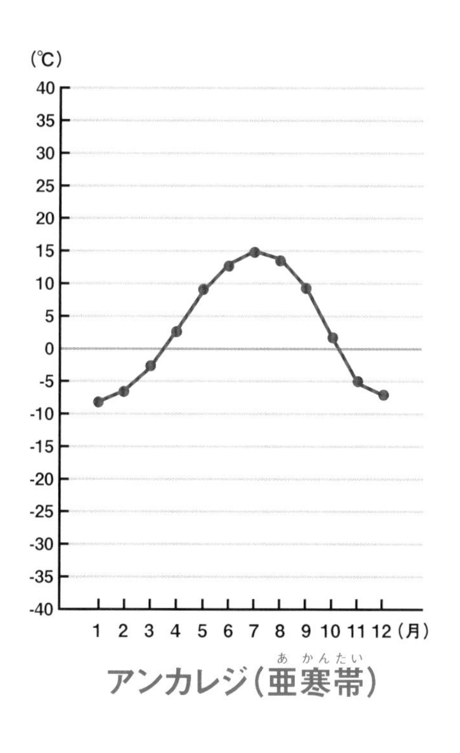

(℃)
40
35
30
25
20
15
10
5
0
-5
-10
-15
-20
-25
-30
-35
-40
1 2 3 4 5 6 7 8 9 10 11 12 (月)

アンカレジ（亜寒帯）

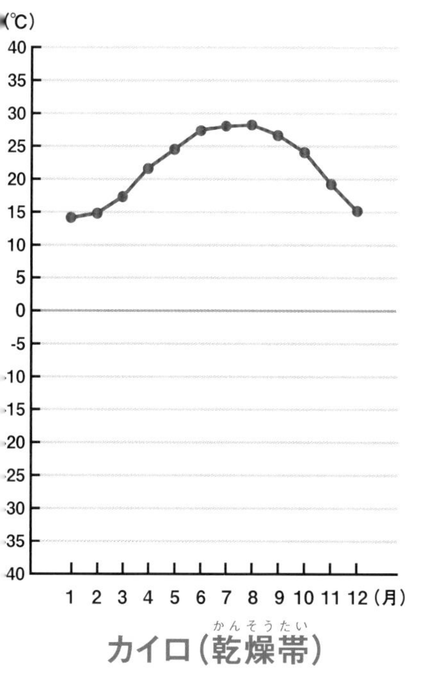

(℃)
40
35
30
25
20
15
10
5
0
-5
-10
-15
-20
-25
-30
-35
-40
1 2 3 4 5 6 7 8 9 10 11 12 (月)

カイロ（乾燥帯）

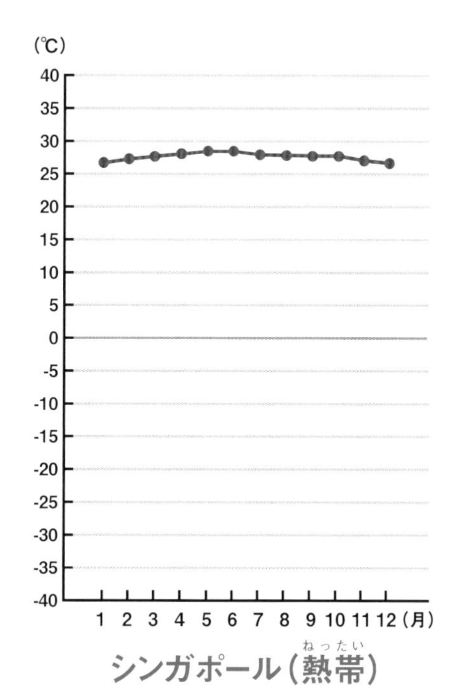

(℃)
40
35
30
25
20
15
10
5
0
-5
-10
-15
-20
-25
-30
-35
-40
1 2 3 4 5 6 7 8 9 10 11 12 (月)

シンガポール（熱帯）

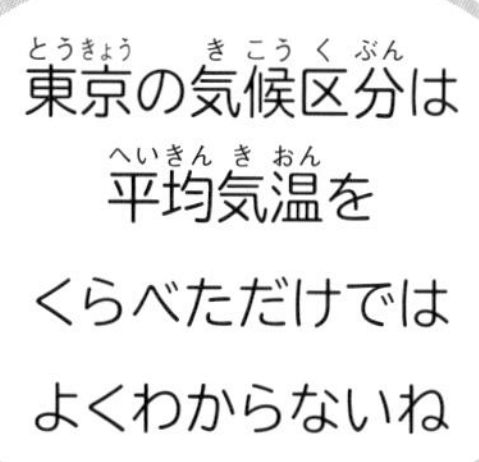

東京の気候区分は
平均気温を
くらべただけでは
よくわからないね

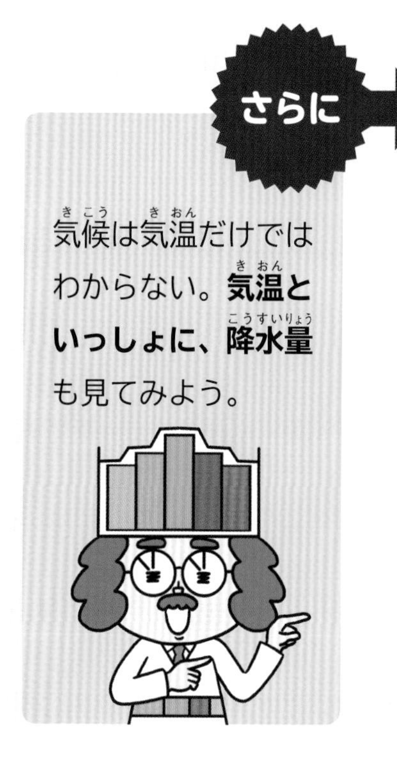

さらに
気候は気温だけではわからない。**気温といっしょに、降水量**も見てみよう。

出典：『理科年表 2019』（国立天文台編）の「世界の気温の平年値（℃）」「世界の降水量の月別平年値（mm）」より作成

気温だけでなく降水量を組み合わせてみよう

グラフからわかったことは？

気温と降水量*のグラフを組み合わせてみると、各都市の気候のちがいがよくわかります。

気温のグラフの形が似ていた上海とカイロのうち、カイロは東京にくらべて降水量がかなり少ないので、ちがう気候区分ということになります。上海は東京と降水量の変化も似ているので、同じ「温帯」の気候区分ではないかと予想できます。あらためて21ページの「温帯」の定義を見ると、確かに「温帯」であることがわかります。

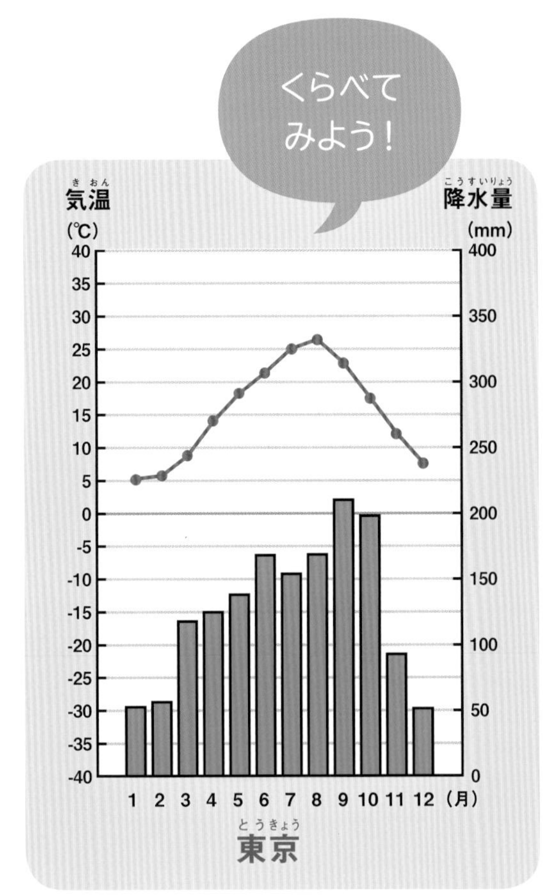
くらべて みよう！
気温 (℃)
降水量 (mm)
40 35 30 25 20 15 10 5 0 -5 -10 -15 -20 -25 -30 -35 -40
400 350 300 250 200 150 100 50 0
1 2 3 4 5 6 7 8 9 10 11 12 (月)
東京

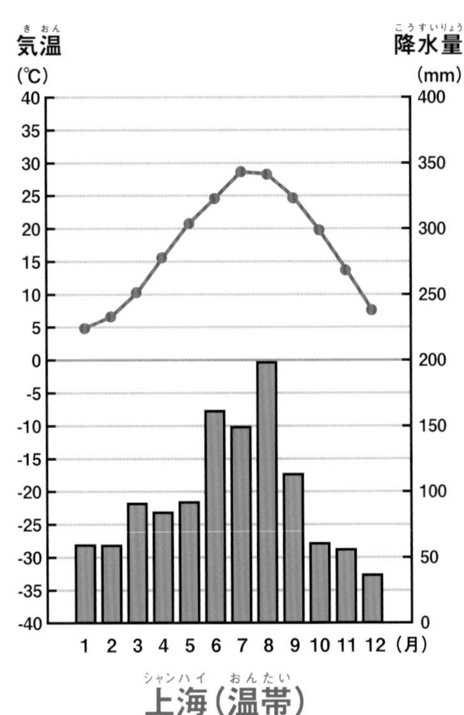
気温 (℃)
降水量 (mm)
40 35 30 25 20 15 10 5 0 -5 -10 -15 -20 -25 -30 -35 -40
400 350 300 250 200 150 100 50 0
1 2 3 4 5 6 7 8 9 10 11 12 (月)
上海（温帯）

東京と上海は降水量の棒グラフの形も似ているよ

*降水量：雨や雪などが降った量。

世界の都市の1年間の平均気温と降水量

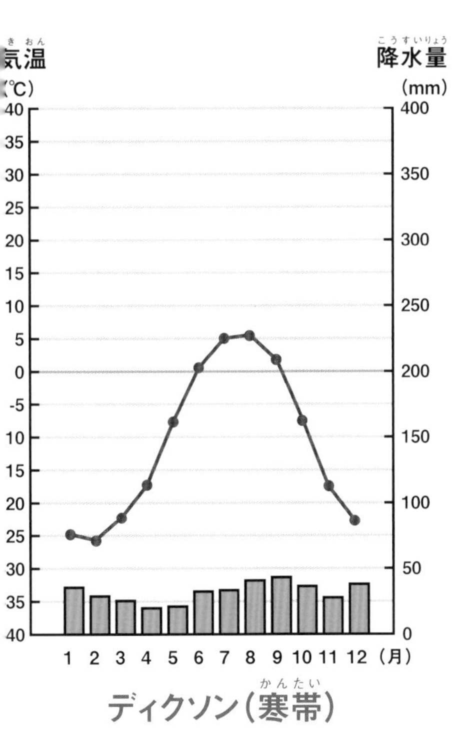
気温
(℃)
降水量
(mm)
(月)
ディクソン(寒帯)

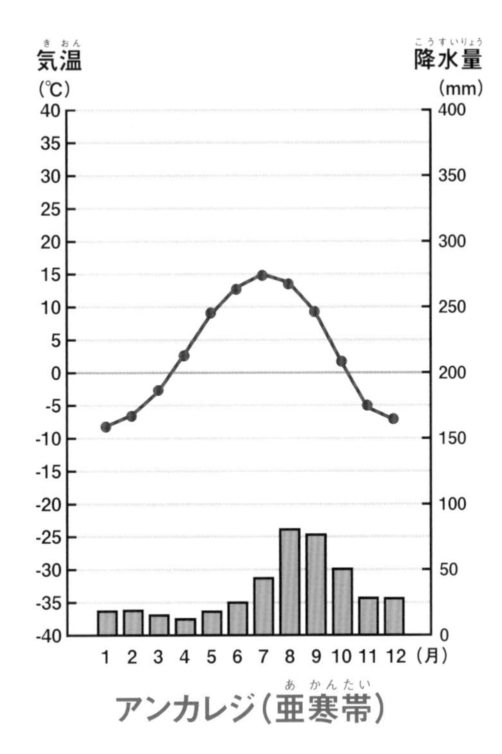
気温
(℃)
降水量
(mm)
(月)
アンカレジ(亜寒帯)

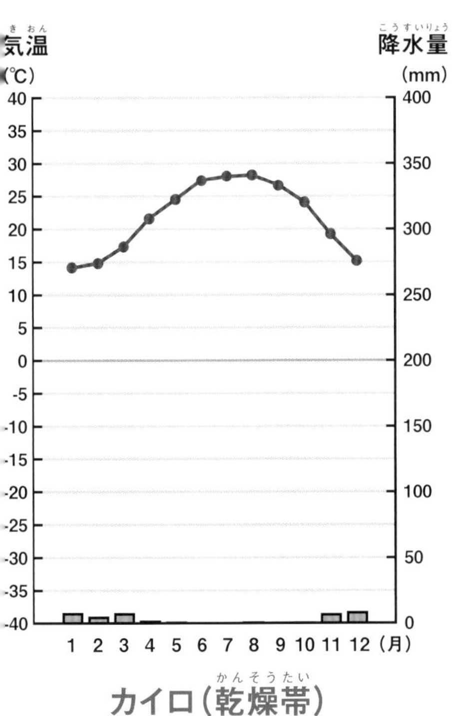
気温
(℃)
降水量
(mm)
(月)
カイロ(乾燥帯)

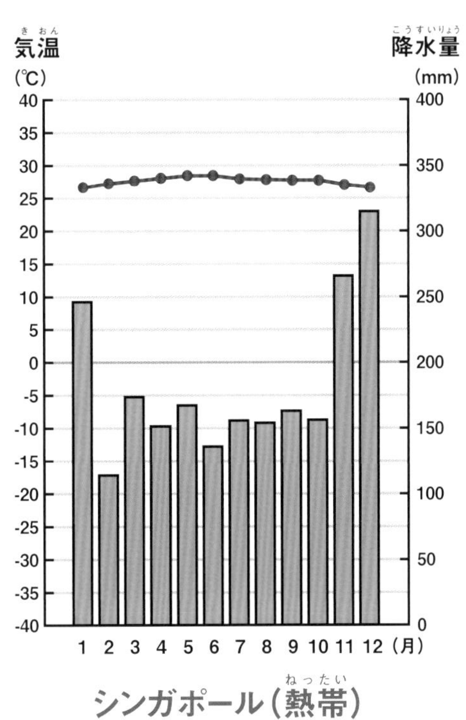
気温
(℃)
降水量
(mm)
(月)
シンガポール(熱帯)

わかった！

東京の気候区分は温帯なんだね

発展！

それぞれの気候区分で、**生えている植物や、すんでいる動物のちがい**を調べてみよう。

グラフと年表を組み合わせてみよう

家庭ごみの量の変化

1日に家庭から出るごみは、どのくらいあるのでしょうか。家庭ごみの量に関するグラフや資料から、量の変化と取り組みについて分せきしてみましょう。

グラフからわかったことは？

右は、政令指定都市*の「1人1日あたりの家庭ごみの量」を北海道から九州まで地域順にならべた棒グラフです。1人1日あたりの家庭ごみの量は、ほとんどの都市で500g～700gの数値ですが、500g以下が3都市あり、いちばん少ないのが京都市だということがわかります。

京都市は、
いちばん多い新潟市より
1人1日あたり
約300gも少ないね

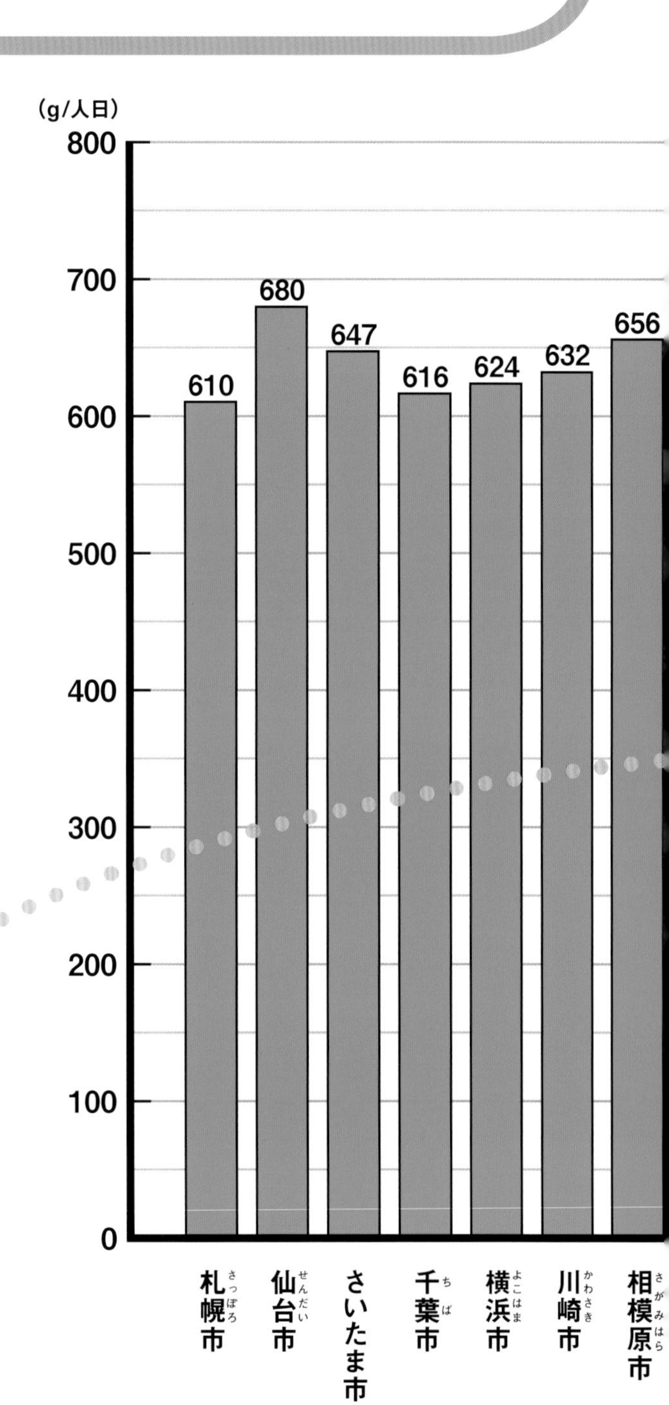
(g/人日)
800
700
600
500
400
300
200
100
0
610
680
647
616
624
632
656
札幌市
仙台市
さいたま市
千葉市
横浜市
川崎市
相模原市

＊政令指定都市：特別に政令で指定された人口50万以上の市。

1人1日あたりの家庭ごみの量

出典：環境省ウェブサイト「一般廃棄物処理実態調査結果」の「市町村集計結果」「ごみ搬入量の状況（平成29年度実績）」より作成（2019年10月1日利用）

※「1人1日あたりの家庭ごみの量」は、市全体の年間の家庭ごみの量を市の人口と日数（365）で割った値。単位は（g/人日）で表す。

市	1人1日あたりの家庭ごみの量（g/人日）
新潟市	741
静岡市	677
浜松市	573
名古屋市	648
京都市	446
大阪市	459
堺市	646
神戸市	626
岡山市	735
広島市	481
北九州市	574
福岡市	583
熊本市	582

わかった！

家庭ごみの量は
京都市が
いちばん少なかった

さらに

京都市はごみをへらすために**どんな取り組み**をしたのか**年表を調べてみよう。**

京都市のごみの取り組みを見てみよう

年表からわかったことは？

年表もデータのひとつです。下は「京都市のごみに関する取り組みの年表」です。1991年以降にさまざまなリサイクル法ができたことがわかります。2006年には、ごみぶくろの有料化が始まりました。2012年には「生ごみ3キリ運動」（右ページ）を始め、2017年にはごみをへらす地域学習会「しまつのこころ楽考」を開くなど、京都市はいろいろな取り組みをして、市民によびかけています。

京都市のごみに関する取り組みの年表

2010	・お祭りなどのエコ化を進める手引き書を作る ・環境やごみに関する相談などの窓口「エコまちステーション」を各区役所・支所に設置する ・民間の業者が収集するマンションのごみに、とうめいのふくろを使うことを義務づける
2011	・マイボトルで飲み物を買うと、地域で使えるエコマネーがもらえる「KYOTOエコマネー」が始まる
2012	・「生ごみ3キリ運動」が始まる
2013	・新聞や雑誌などの分別を実験的に始める ・「ごみ減量入門書」を配る
2014	・新聞や雑誌などの分別・リサイクルが始まる
2015	・「しまつのこころ条例」が行われる
2016	・食品スーパーのレジぶくろの有料化を広める ・枝や落ち葉の分別やリサイクルを実験的に始める
2017	・地域学習会「しまつのこころ楽考」が始まる
2018	・マンションの紙ごみをへらす対策が始まる

出典：京都市環境政策局「環境局関係年表」「平成17年度から平成30年度までのごみ量の推移」より作成（京都市より2019年11月20日提供）

生ごみ3キリ運動とは？

ごみの4割近くをしめる生ごみの食べ残しや、食べ物にふくむ水分をへらすことを市民によびかける運動です。京都市や大阪市などいくつかの都市で進められています。

在庫チェック

買った食べ物を使い切る
「使いキリ」

ごみ出し前に水を切る
「水キリ」

残った料理
保存食材

食べ残しをしない
「食べキリ」

年	できごと
1991	・リサイクル法（再生資源の利用の促進に関する法律）ができる。2001年に改正
	1991年以降、家電、プラスチックトレイ、食品などに関する、いろいろなリサイクル法ができる
1996	・「ごみゼロ・京都クリーンアップ行動日」を作り、まちの美化キャンペーンを始める
1997	・ペットボトルと紙パックの回収が始まる
2006	・有料指定ごみぶくろでの、家庭ごみの収集を始める（10月から）
2007	・プラスチック製容器包装を資源ごみとして全世帯から回収を始める

さらに

取り組みによってごみの量はどうなったのか、京都市のデータを見てみよう。

京都市の家庭ごみのデータを見てみよう

グラフからわかったことは？

右の京都市の「家庭ごみの量」を表す積み上げ棒グラフを見ると、2007年にごみが大きくへっています。28ページの年表では、前年の2006年10月に有料指定ごみぶくろでの家庭ごみの収集が始まっています。生ごみ3キリ運動を始めた2012年以降、生ごみの量は大きくへっていませんが、地域学習会が始まった次の年の2018年には、生ごみの量は約7万tまでになりました。

生ごみ3キリ運動の効果はすぐに出なかった。だから、新たな取り組みをしたのかな？

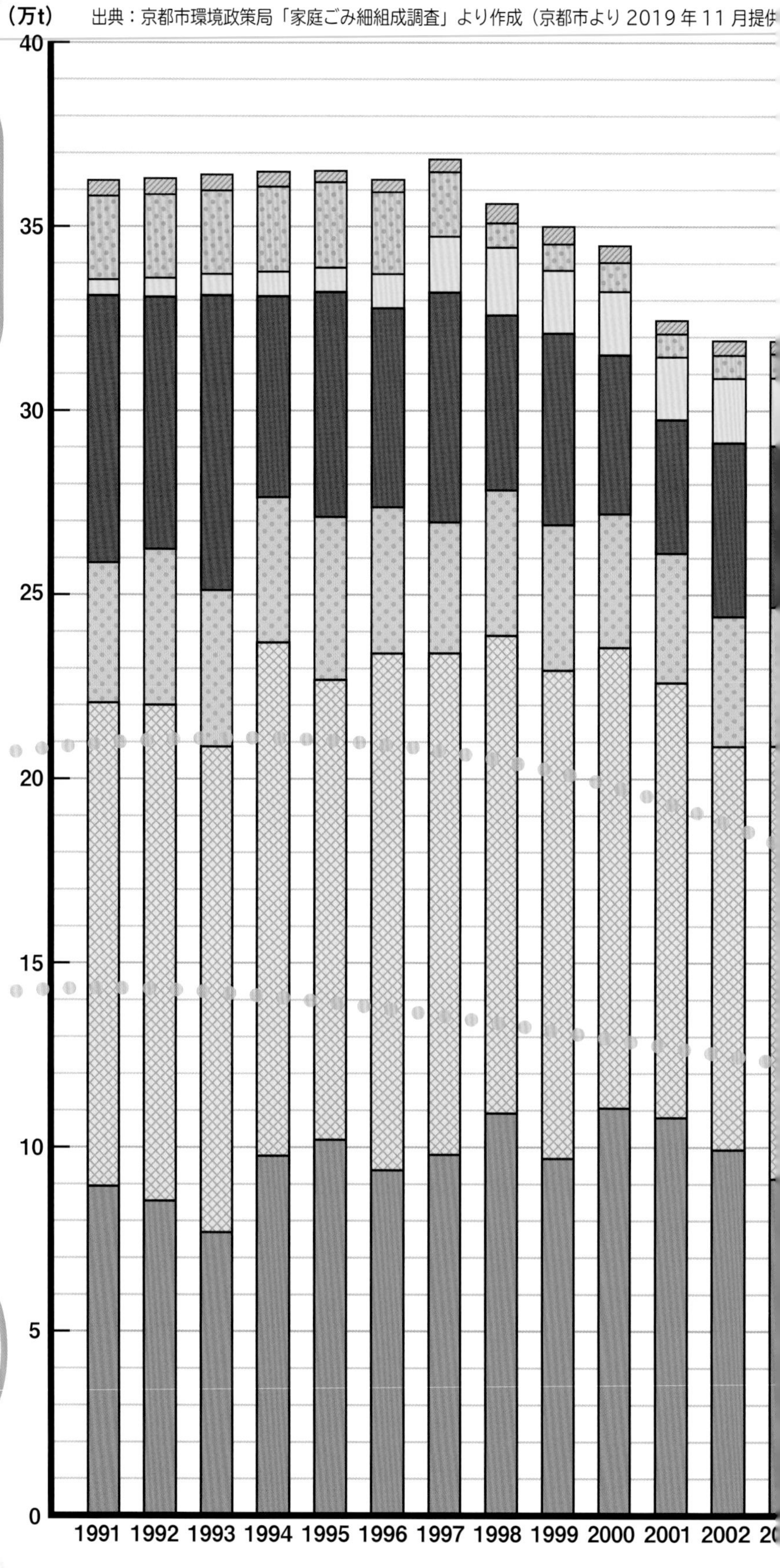
(万t)
出典：京都市環境政策局「家庭ごみ細組成調査」より作成（京都市より2019年11月提供
40
35
30
25
20
15
10
5
0
1991
1992
1993
1994
1995
1996
1997
1998
1999
2000
2001
2002

京都市の家庭ごみの量

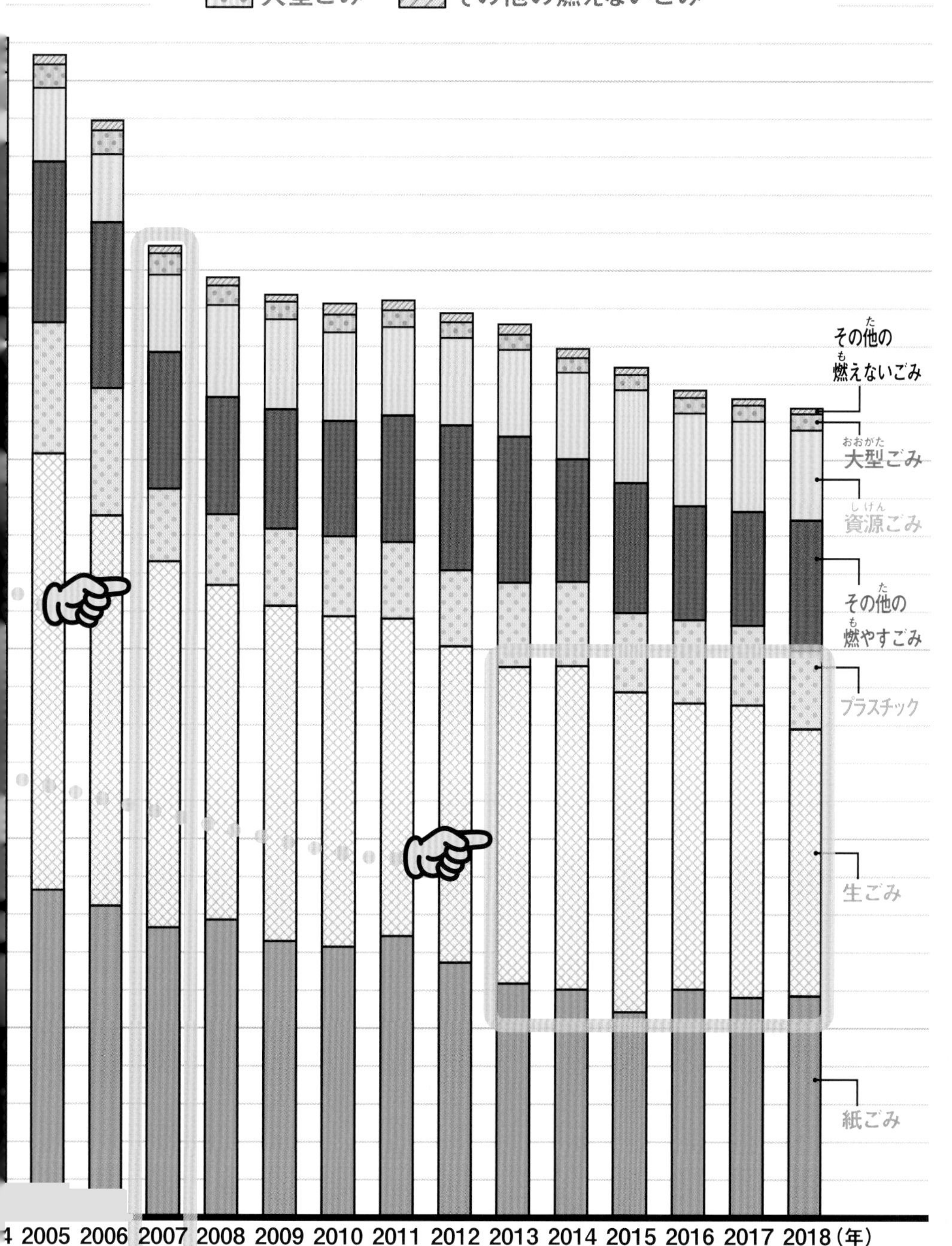
紙ごみ
生ごみ
プラスチック
その他の燃やすごみ
資源ごみ
大型ごみ
その他の燃えないごみ
2005
2006
2007
2008
2009
2010
2011
2012
2013
2014
2015
2016
2017
2018（年）

わかった！

取り組みが行われたから、すぐにごみがへるとは限らない。取り組みを続けることが大切なのかも

発展！

自分の住む町や市のごみの種類や量、取り組みに関することを調べてみよう！

写真で確認しながらデータを見よう

アラル海の環境破壊

アラル海は、以前は世界で4番目に大きいといわれた湖でしたが、今は小さくなり、環境破壊が進んでいます。データから、アラル海の現状を読み取ってみましょう。

表や写真からわかったことは?

アラル海は、地図のように、中央アジアの国、カザフスタンとウズベキスタンにまたがる湖です。

1960年代以降、綿花や穀物を育てるために、アラル海に注ぐ川から水を畑に引いたことで、湖は干上がってしまいました。表や写真から、1960年にくらべて2018年の湖面の面積は10分の1にへっていることがわかります。

湖が小さくなって
2018年の写真では
大きく3つに
分かれている!

アラル海の場所

ロシア連邦
アラル海
カザフスタン
カスピ海
ウズベキスタン
イラン

アラル海の湖面の面積の変化

年	広さ(㎢)
1960	68,900
1975	54,670
1986	41,390
1998	28,990
2007	14,760
2018	6,990

※面積はアラル海の総面積。

出典:CA Water Info ウェブサイト「Database of the Aral Sea」の「Key morphometric characteristics of the Aral Sea (1911-2018)」より作成(2019年11月1日利用)
地図は「MAPIO PRO'07～'08年度版」

アラル海の湖面の変化

アラル海

30 miles

1977年

北アラル海

1998年

大アラル海

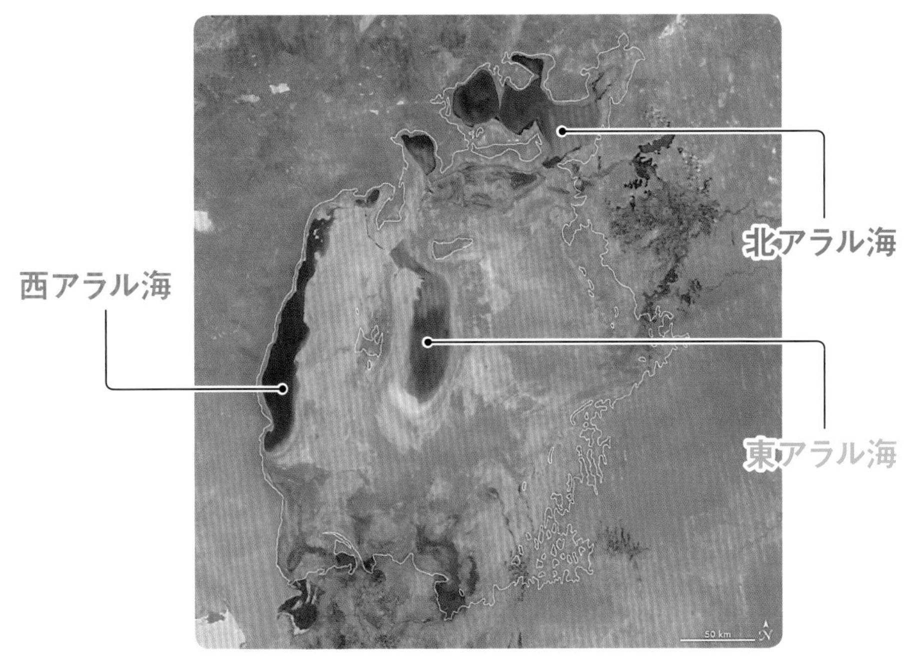

50 km

西アラル海

北アラル海

東アラル海

2018年

［写真：NASA］

わかった！

アラル海の湖面の面積は、だんだん小さくなっているんだね

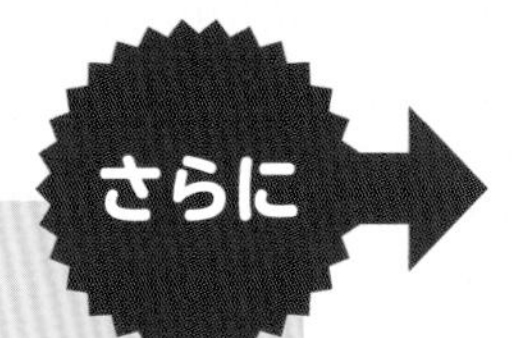

さらに

湖面の面積が小さくなったけれど、**水量や水位はどのくらいへってしまった**のかな。

水位と水量を組み合わせて見てみよう

グラフからわかったことは？

右は「アラル海の水位と水量」のグラフです。1960年以降、アラル海の水位が低くなり、水量がへっています。アラル海がだんだんと干上がっていったことがわかります。2005年に、北アラル海に注ぐシルダリア川にダムができて、41mだった水位が2010年に43m、2015年に42mになり、北アラル海の水位が少しずつもどってきました。

ダムができてから
北アラル海の水位が
少しずつ増えてきたね

出典：CA Water Info ウェブサイト「Database of the Aral Sea」の「The Aral Sea levelfluctuation for 1780-1960」と「Key morphometric characteristics of the Aral Sea (1911-2018)」より作成（2019年11月1日利用）

アラル海の水位と水量

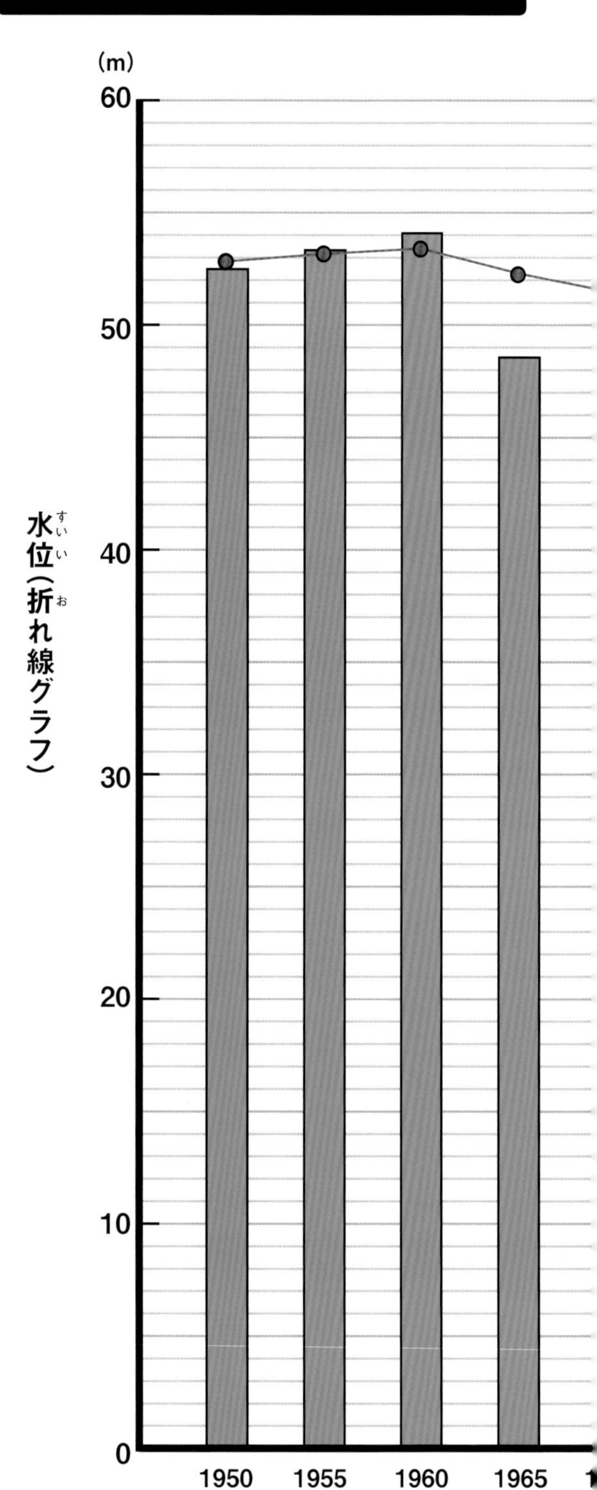
(m)
60
50
40
30
20
10
0
水位（折れ線グラフ）
1950
1955
1960
1965

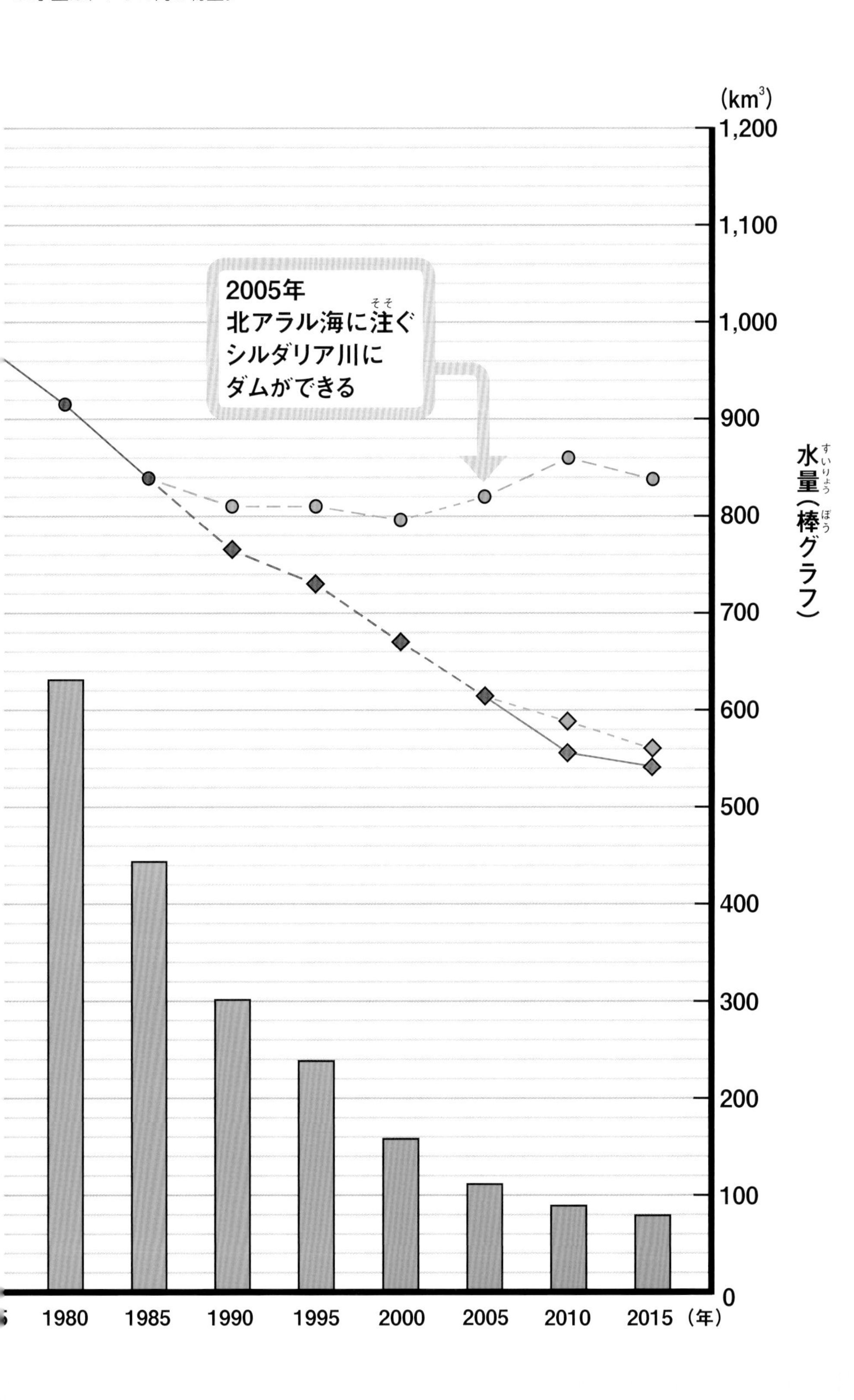
水位（アラル海）
水位（北アラル海）
水位（東アラル海）
水量
水位（大アラル海）
水位（西アラル海）
※ 水量は、アラル海の総量。
(km³)
1,200
1,100
1,000
900
800
700
600
500
400
300
200
100
0
水量（棒グラフ）
2005年
北アラル海に注ぐ
シルダリア川に
ダムができる
1980
1985
1990
1995
2000
2005
2010
2015（年）

わかった！
水量がへって
水位も低くなって
しまったんだね

さらに

水量がへると、環境にどういう変化があるのかな。**水質の変化**を見てみよう。

出典：CA Water Info ウェブサイト「Database of the Ar
Sea」の「Bathymetric characteristics of the Aral Se
(1950-2009)」より作成（2019年11月1日利用）

※g/Lとは、1Lあたり何gの塩が入っているかを表す単

アラル海の塩分濃度を見てみよう

グラフからわかったことは？

アラル海は、塩分をふくんだ塩湖です。右の折れ線グラフは、シルダリア川にダムができる前、2000年までのアラル海の塩分濃度*を表したものです。干上がったアラル海の塩分濃度が、だんだんと上がっていったことがわかります。塩分濃度が高くなった結果、魚が死んでしまい、漁業ができなくなってしまいました。

＊塩分濃度：水に入っている塩の量。

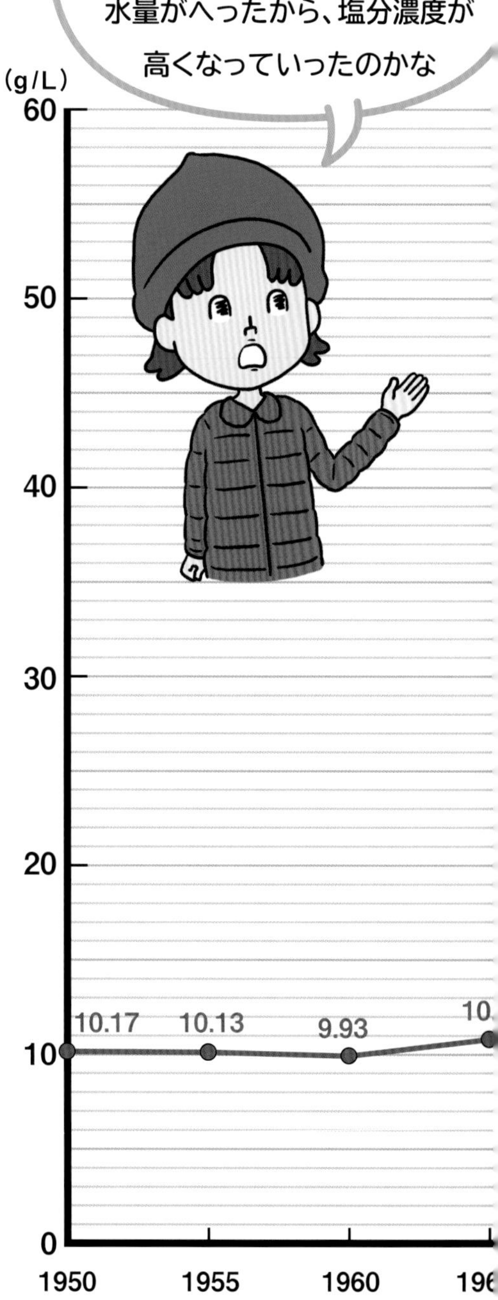
34ページのグラフでは1960年以降、水量がへっていたね。水量がへったから、塩分濃度が高くなっていったのかな
(g/L)
60
50
40
30
20
10
0
10.17
10.13
9.93
1950
1955
1960

なるほどミニコラム

アラル海の漁が復活!?

2005年にダムができてからは、北アラル海の水の流出がくいとめられ、水量が増えて漁が復活しました。しかし、復活したのは、北アラル海だけで、東アラル海と西アラル海の水位は低くなりつづけています。

アラル海の漁に出る漁師たち（撮影 2018年4月）。［写真：朝日新聞社］

アラル海の塩分濃度

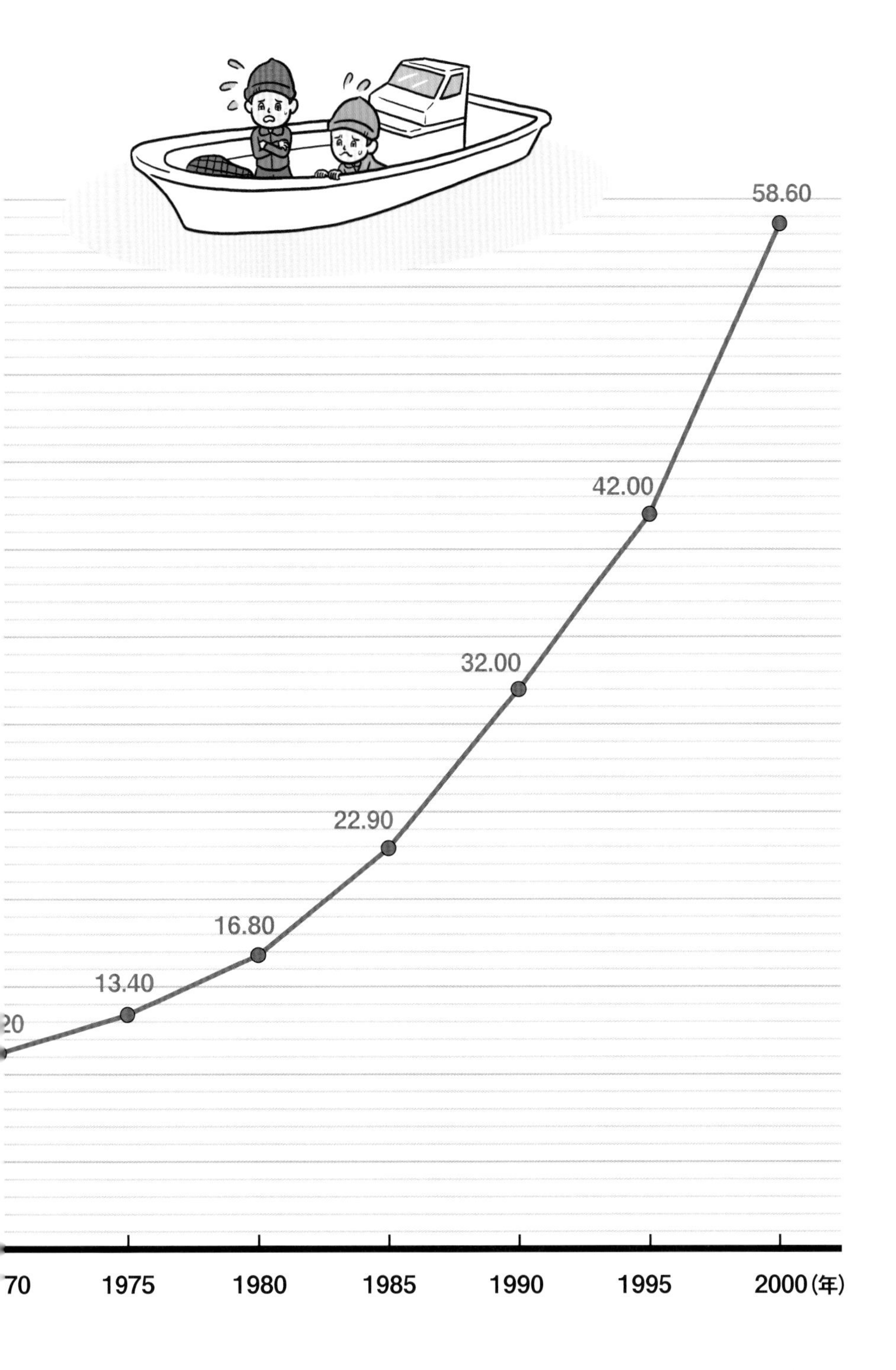

20
13.40
16.80
22.90
32.00
42.00
58.60
70
1975
1980
1985
1990
1995
2000（年）

わかった！

水量がへったことで塩分濃度が上がり、魚がすめなくなったんだね

発展！

日本で、**環境破壊が問題となっているところ**を調べ、データがあったら見てみよう。

発電方法のバランスの変化を読み解こう

くらしを支えるエネルギー

電気は、わたしたちのくらしを支える大切なエネルギーのひとつです。いろいろな発電方法がありますが、どのようなバランスで発電されているか、その変化を年代別に見てみましょう。

グラフからわかったことは?

右の積み上げ棒グラフは、「日本の発電量」を表したものです。グラフからは、再生可能エネルギーが少しずつ増え、2000年以降は原子力がへっているのがわかります。東日本大震災が起こった2011年からは、発電量の総量がへっています。

1980年~2010年で石炭と天然ガスが大きく増えたね。2012年以降は石油がへっているよ

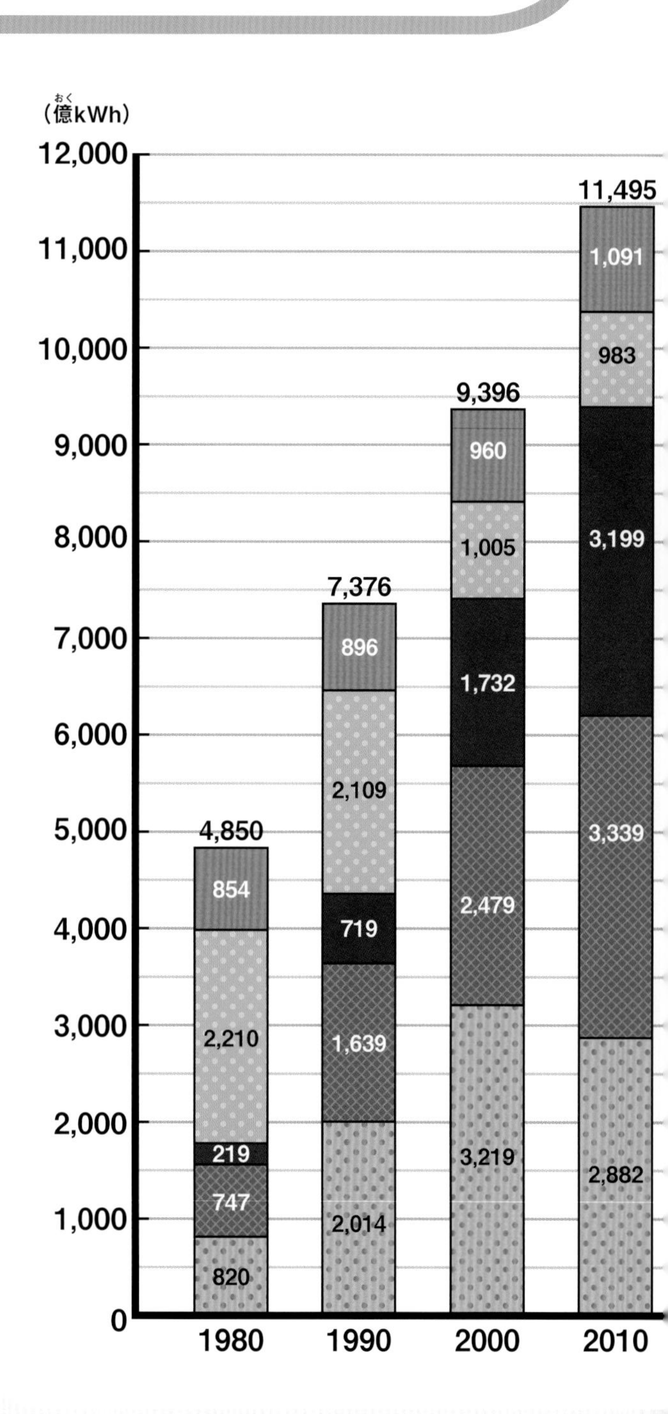
(億kWh)
12,000
11,000
10,000
9,000
8,000
7,000
6,000
5,000
4,000
3,000
2,000
1,000
0
4,850
854
2,210
219
747
820
7,376
896
2,109
719
1,639
2,014
9,396
960
1,005
1,732
2,479
3,219
11,495
1,091
983
3,199
3,339
2,882
1980
1990
2000
2010

出典：資源エネルギー庁ウェブサイト「総合エネルギー統計」の「時系列表」「電源構成（発電量）」と、「平成29年度 エネルギー白書2018」の「発受電電力量の推移」より作成（2019年11月1日利用）

日本の発電量

原子力　石炭　再生可能エネルギー（水力・地熱など）
天然ガス　石油など

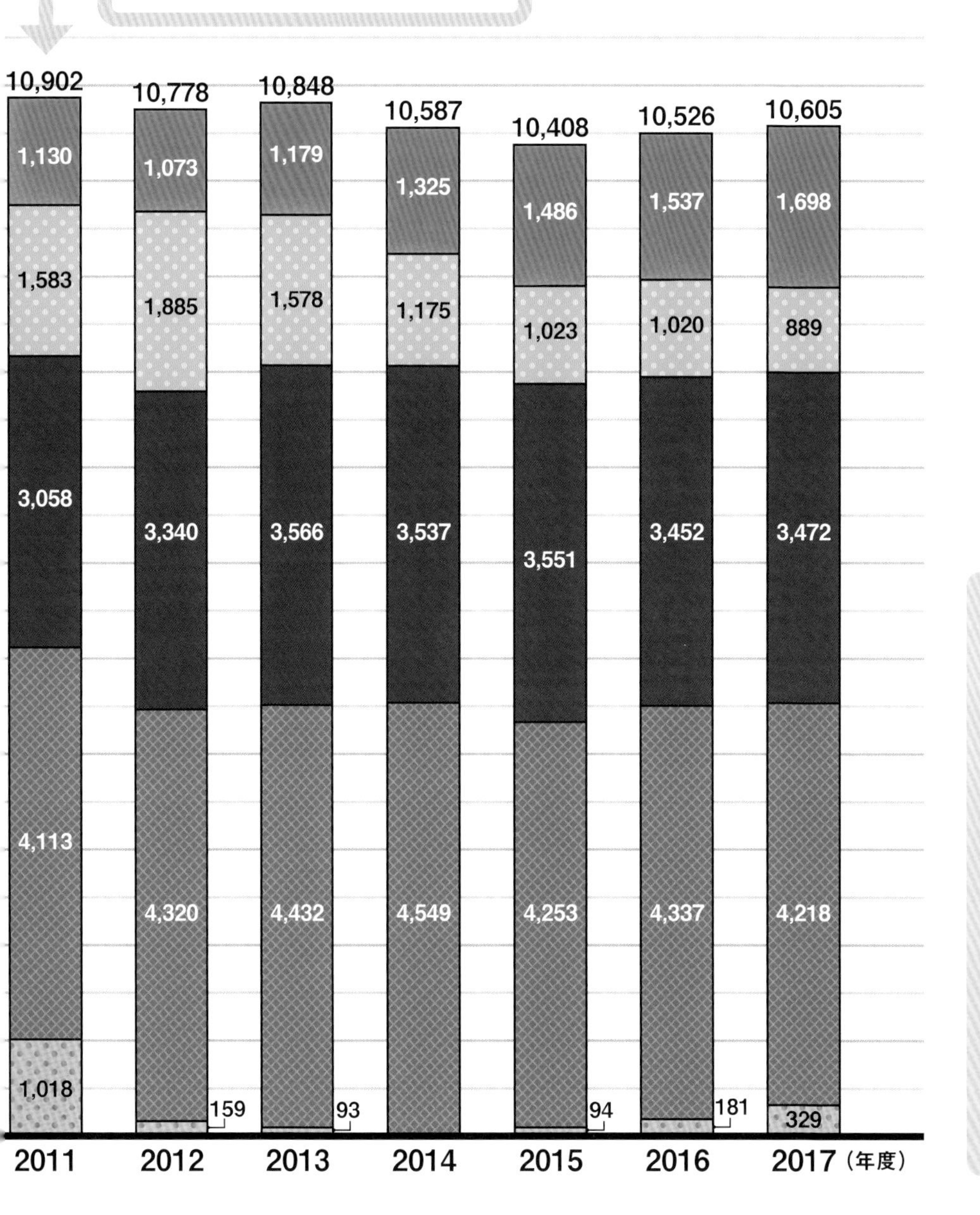
2011年 東日本大震災が起こる
10,902
1,130
1,583
3,058
4,113
1,018
10,778
1,073
1,885
3,340
4,320
159
10,848
1,179
1,578
3,566
4,432
93
10,587
1,325
1,175
3,537
4,549
10,408
1,486
1,023
3,551
4,253
94
10,526
1,537
1,020
3,452
4,337
181
10,605
1,698
889
3,472
4,218
329
2011
2012
2013
2014
2015
2016
2017
（年度）

わかった！

再生可能エネルギーはだんだん増えてきているんだね

さらに

再生可能エネルギーには**どんな種類があるのかな？** 年代をおって見てみよう。

出典：資源エネルギー庁ウェブサイト「総合エネルギー統計」の「時系列表」の「電源構成（発電量）」より作成（2019年11月1日利用）

再生可能エネルギーの種類と発電量を見てみよう

グラフからわかったことは？

右の積み上げ棒グラフから、再生可能エネルギーは、2016年までは水力発電が半分以上をしめていました。だんだんとバイオマスや太陽光発電の発電量が増えてきたのがわかります。

再生可能エネルギーの種類

水力発電

水を高い場所から落とし、その力で水車を回して発電する。

バイオマス発電

木くずや家畜のふんなど、生物がもとになった資源を利用して発電する。

地熱発電

地球の内部の熱を利用して発電する。

太陽光発電

太陽光パネルを使い、太陽の光を利用して発電する。

風力発電

風車を使い、風の力を利用して発電する。

北海道江差町の太陽光発電所。
［写真：PIXTA］

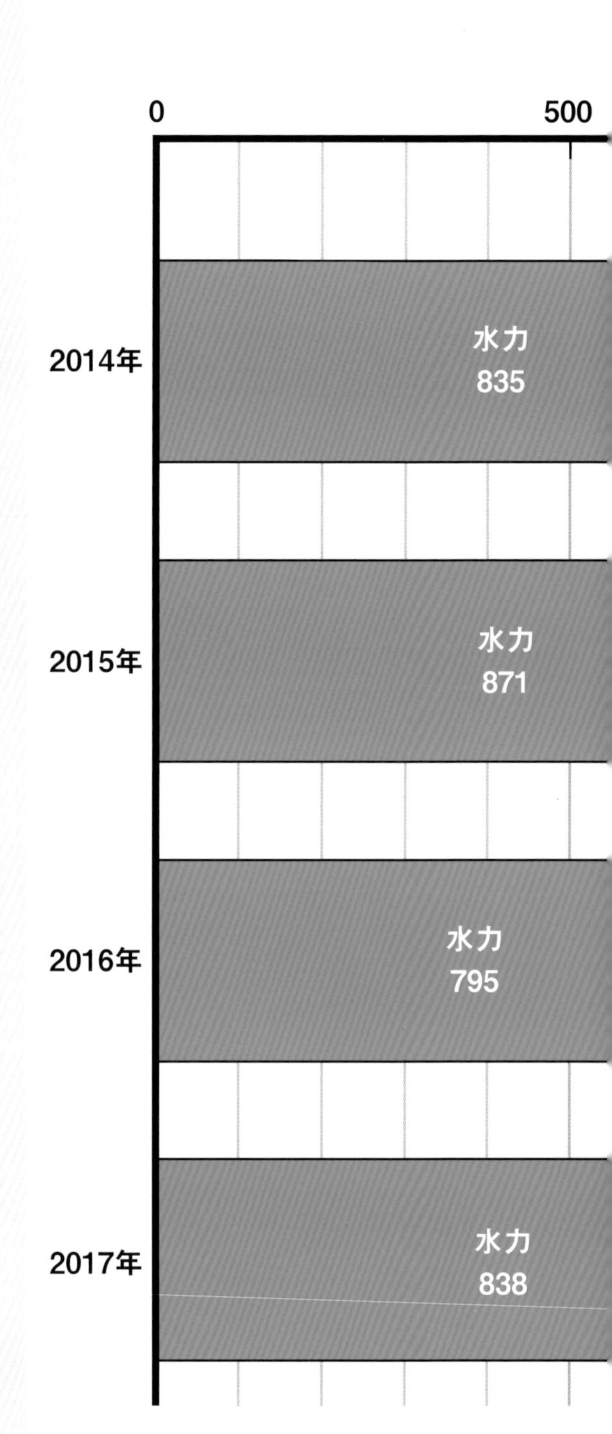

0
500
2014年
水力
835
2015年
水力
871
2016年
水力
795
2017年
水力
838

日本の再生可能エネルギーの発電量

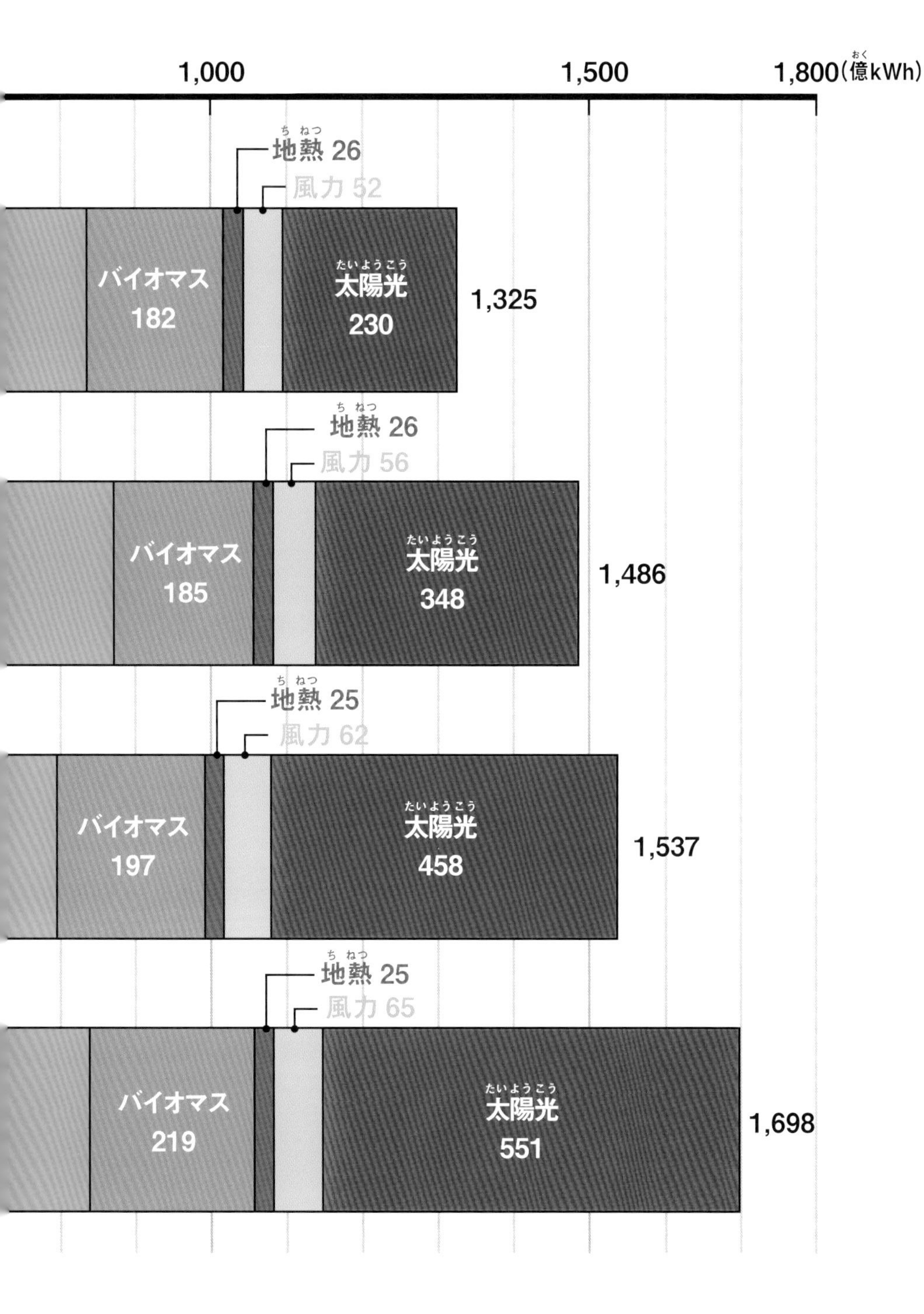

水力
バイオマス
地熱
風力
太陽光
1,000
1,500
1,800（億kWh）
地熱 26
風力 52
バイオマス 182
太陽光 230
1,325
地熱 26
風力 56
バイオマス 185
太陽光 348
1,486
地熱 25
風力 62
バイオマス 197
太陽光 458
1,537
地熱 25
風力 65
バイオマス 219
太陽光 551
1,698

わかった！
いちばん多いのは水力発電。太陽光発電は年々のびているね

さらに

再生可能エネルギーは、**世界の国々でどのくらい利用されているのか**見てみよう。

出典：環境エネルギー政策研究所ウェブサイト「自然エネルギー世界白書 2016 ハイライト日本語版」の「GSR2017 の主要な数値と表」より作成（2019 年 10 月 1 日利用）
※データは 2016 年末のもの。

世界の国の発電量の割合を見てみよう

表やグラフからわかったことは？

円グラフから、日本だけでなく、世界の国々でもさまざまな再生可能エネルギーが利用されていることがわかります。表は、世界の再生可能エネルギーの発電量の順位です。国によって力を入れている再生可能エネルギーがちがうのがわかります。

40ページの積み上げ棒グラフでは、日本は風力での発電量は少ないですが、世界では、再生可能エネルギーのなかで、風力発電の割合が16.3% をしめています。

世界の発電量の割合

再生可能エネルギー	24.5%
化石燃料	75.5%

世界でも
再生可能エネルギーが
24.5%も使われて
いるんだね

世界の再生可能エネルギーの発電量の割合

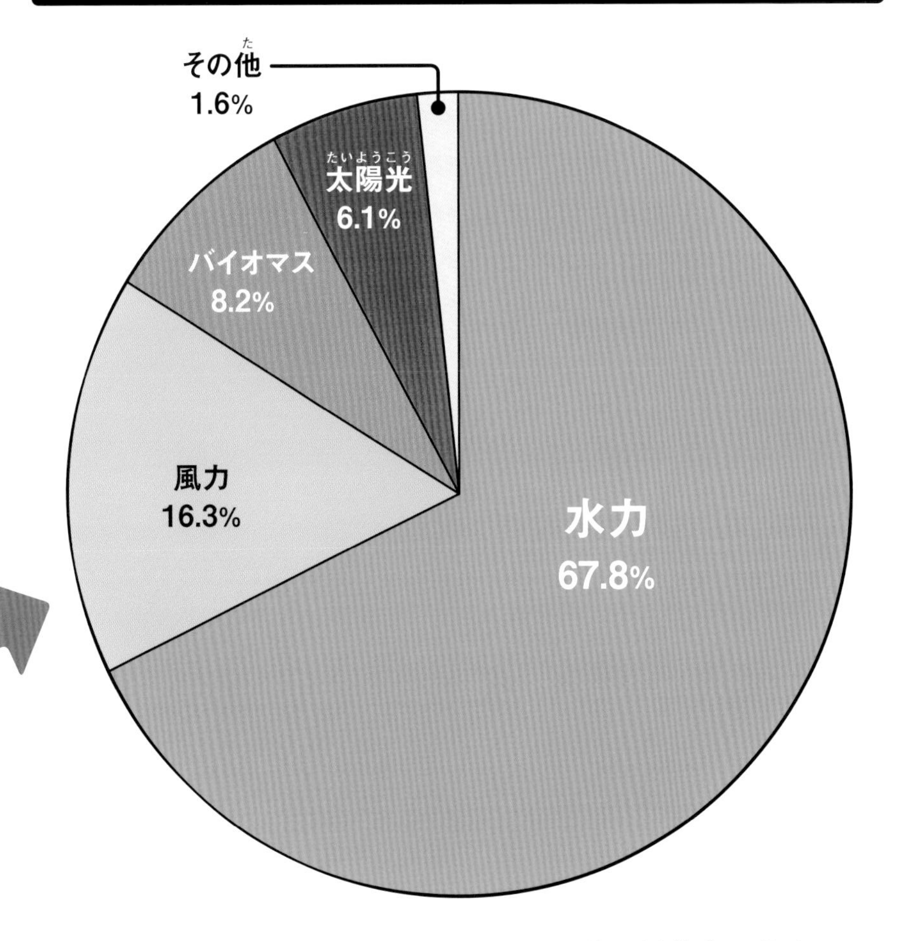

その他
1.6%
太陽光
6.1%
バイオマス
8.2%
風力
16.3%
水力
67.8%

わかった！

国によって、さまざまな再生可能エネルギーの利用が進められているんだね

発展！

世界の国別に、**再生可能エネルギーの割合**を調べてみよう。その国の地理とどんな関係があるかな。

世界の再生可能エネルギーの発電量の順位

順位	水力	風力	バイオマス	太陽光
1位	中華人民共和国	中華人民共和国	アメリカ合衆国	中華人民共和国
2位	ブラジル	アメリカ合衆国	中華人民共和国	日本
3位	カナダ	ドイツ	ドイツ	ドイツ
4位	アメリカ合衆国	インド	ブラジル	アメリカ合衆国
5位	ロシア連邦	スペイン	日本	イタリア

出典：環境エネルギー政策研究所ウェブサイト「自然エネルギー世界白書 2016 ハイライト日本語版」の「2016 年末の総容量・発電量」より作成（2019 年 10 月 1 日利用）

※データは 2016 年末のもの。ただし、風力・太陽光発電は、発電容量（どれくらいの電力が作れるのかを表すもの）の数値。

なるほどコラム

どうして選挙は開票とちゅうで当選確実がわかるの？

一部から全体を予想する

選挙の時にテレビ番組の特番を見ると、まだ開票のとちゅうなのに当選確実となっている候補者がいます。どうして全部開票していないのに結果がわかるのでしょう？

実は、ほんの一部のデータを調べるだけでも、結果を予想することができるのです。

みそしるの味見はどのようにしますか？　小皿に少しすくって味を確認しますね。なべのみそしるを全部飲まないと味がわからないなんてことはありません。それと同じように、選挙でも一部がわかれば全体の結果を予想することができます。また出口調査といって、テレビ局や新聞社の調査員が投票所から出てきた人にアンケートを行うことがあります。このようなデータも利用して、予想をより早く確実なものとしているのです。

バラバラは難しい？

みそしるの味見をするとき、よくかき混ぜずに上ずみをすくっては意味がありません。出口調査を行う場合も、アンケートする人の年齢や性別などにかたよりが出ないようにバラバラにしなければ予想をまちがえてしまうことがあります。

1936年のアメリカ大統領選挙で、ダイジェスト社が出版した当時最も信用されていた週刊誌『リテラリー・ダイジェスト』が、選挙の予想を外してしまうという事態が起こりました。ダイジェスト社は、自社の雑誌を定期的に買ってくれている読者や、電話帳の名ぼをもとにはがきを送って調査をしましたが、当時のアメリカでは電話を持っている人は、生活が豊かな人に限られていました。その結果、貧しい人たちの投票を調査できずに、予想を外してしまったのです。

現在では投票所の出口から出てくる人に、一定の人数や時間をおいて声をかけ、調査することでかたよりなく選ぶようにしています。

投票所

さくいん

あ

か

さ

た

監修　今野 紀雄（こんの のりお）

1957年、東京都生まれ。1982年、東京大学理学部数学科卒。1987年、東京工業大学大学院理工学研究科博士課程単位取得退学。室蘭工業大学数理科学共通講座助教授、コーネル大学数理科学研究所客員研究員を経て、現在、横浜国立大学大学院工学研究院教授。2018年度日本数学会解析学賞を受賞。おもな著書は『数はふしぎ』、『マンガでわかる統計入門』、『統計学 最高の教科書』（SBクリエイティブ）、『図解雑学 統計』、『図解雑学 確率』（ナツメ社）など、監修に『ニュートン式 超図解 最強に面白い!! 統計』（ニュートンプレス）など多数。

装丁・本文デザイン：倉科明敏（T.デザイン室）
表紙・本文イラスト：オオノマサフミ
編集制作：常松心平、小熊雅子（オフィス303）
コラム：林太陽（オフィス303）
協力：小池翔太、石浜健吾、清水 佑（千葉大学教育学部附属小学校）
京都市
写真：朝日新聞フォトアーカイブ／PIXTA

データの達人　表とグラフを使いこなせ！
3 組み合わせよう！ いろんなデータ

発行　2020年4月　第1刷

監修　今野紀雄
発行者　千葉 均
編集　吉田 彩、崎山貴弘
発行所　株式会社ポプラ社
〒102-8519　東京都千代田区麹町4-2-6
電話（編集）03-5877-8113　（営業）03-5877-8109
ホームページ　www.poplar.co.jp
印刷・製本　図書印刷株式会社

落丁・乱丁本はお取り替えいたします。
小社宛にご連絡ください。
電話 0120-666-553
受付時間は、月～金曜日 9時～17時です（祝日・休日は除く）。

本書のコピー、スキャン、デジタル化等の無断複製は著作権法上での例外を除き禁じられています。本書を代行業者等の第三者に依頼してスキャンやデジタル化することは、たとえ個人や家庭内での利用であっても著作権法上認められておりません。

Printed in Japan　ISBN978-4-591-16519-5 / N.D.C. 417 / 47P / 27cm

P7214003

全4巻

データの達人

表とグラフを使いこなせ！

監修：今野紀雄（横浜国立大学教授）

1. くらべてみよう！ 数や量
2. 予想してみよう！ 数値の変化
3. 組み合わせよう！ いろんなデータ
4. たしかめよう！ 予想はホントかな？

- 小学校中学年以上向き
- オールカラー
- A4変型判
- 各47ページ
- N.D.C.417
- 図書館用特別堅牢製本図書

ポプラ社はチャイルドラインを応援しています

18さいまでの子どもがかけるでんわ

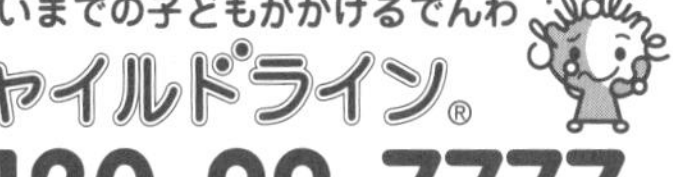
チャイルドライン®

0120-99-7777

チャット相談はこちらから

毎日午後4時～午後9時 ※12/29～1/3はお休み

電話代はかかりません 携帯（スマホ）OK